シリーズ・生命の神秘と不思議

メンデルの軌跡を訪ねる旅

長田 敏行 著

裳華房

まえがき

メンデル（Gregor Johann Mendel）は、オーストリア・ハンガリー二重帝国モラビアのブルノのカトリック教会の修道士であり、遺伝法則を発見した人である。その人の事績が日本とも関わっていることを知っていただきたいということが、本書を著わす重要な動機となっている。2014年にはメンデルゆかりのメンデルブドウが日本へもたらされてから100年たったことを知っていただくために、『生物の科学　遺伝』誌へ記事を書いたが、大方の人には不思議な縁ととらえられたようである。

私が、このメンデルブドウに関わるようになったのは、1999年にヨーロッパ分子生物学研究機構（EMBO）のアソシエーツ・メンバーに選出され、プラハでのメンバーの会に参加したことにさかのぼる。プラハへの訪問を、当時併任で園長を務めていた東京大学附属小石川植物園に伝えると、プラハへ行くならブルノまで足を延ばして、送り返したメンデルブドウがちゃんと根付いているかどうか確認してほしいと依頼された。ブルノへ赴くと、メンデル農林大学附属植物園で順調に成育していることを確認できた。

メンデルといえばすぐにエンドウを思い浮かべるが、実はメンデルブドウも、メンデルの活動を象徴する存在なのである。というのは、ブドウは、実用的な品種改良にも深くかかわっていたメンデルの研究材料であって、修道院に成育していた。ところが、第二次世界大戦後ソ連の傘下に入ったチェコスロバキアでは、宗教が否定され、正統的遺伝学を否定したルイセンコ学説の影響下に修道院は閉鎖され、混乱のなか現地のメンデルブドウは途絶えてしまったのである。そして、1989年のベルリンの壁の崩壊に始まる東欧圏の民主化の結果、ブルノの人々は、メンデルブドウが日本に成育していることを知って、里帰りを希望されたのである。いったん送ったブドウの苗は根付かず、再度送った苗が成育しているかどうかを確認してほしいということなのであった。そこからさまざまな展開があり、私は、メンデルと彼の発見の経緯にも深くかかわることとなった。

一方、私自身は本来植物生理学専攻であった。最初に長期間研究で滞在したのは、マックス・プランク生物学研究所であったが、その研究部門の初代教授は、メンデルの法則再発見者の一人コレンス（Carl Correns）であった。そのため、遺伝学の始まりとその発展の諸相を詳しく知ることになった。実際コレンス教授の用いた水平顕微鏡を改造した装置を自らの実験目的に使用する機会もあり、実在の人物とのかかわりも体験した。このため、私がメンデルを語ることは必ずしも不適任ではないと思うようになった。また現在、公益財団法人 日本メンデル協会の代表であることは、むしろメンデルについて語ることは課せられた義務であるとも考えるようになった。2016年からは、3月8日を国際メンデルデーとするという企画にも参画し、2016年10～

12月には長野県下諏訪町でメンデル特別展を開催したので、この間に収集した話題も含めて、メンデルについて知っていただくこととした。執筆にあたっては、しばしば偉人にありがちな神格化を避け、できるだけ実像に近いメンデル像を描くことに努めた。幸い、この考えは裳華房にも支持され、同社野田昌宏・筒井清美両氏のご助力で形を整えることができた。両氏に感謝したい。また、新潟大学の酒泉 満教授には、全体にわたって有益な助言をいただいたことに謝意を表したい。

２０１７年 ６月

長田敏行

目次

メンデル年表	チェコ・オーストリアのできごと	関連事項
		1761～1766年 ケールロイター；交配による植物雑種を発表。
	1804年 オーストリア帝国成立。	
	1806年 神聖ローマ帝国消滅。	
	1814-1815年 ウィーン会議。	
	1815年 ドイツ連邦成立。	
1822年7月22日 チェコ・シレジアに生誕。		
	1832年 ナップ；セント・トーマス修道院長に就任。	1839～1849年 ゲルトナー；植物の交配による実験結果を発表。
1840年 オパヴァのギムナジウム卒業。		
1844年 推薦を受けて、セント・トーマス修道院の修道士となり、修道士名グレゴールを授与される。		
1849年 ズノイモのギムナジウムの代用教員に就任。	1848年 フランス2月革命の波及でメッテルニヒ失脚。	
1850年 教員資格試験を受けるも不合格。		
1851-1853年 ウィーン大学で研究生として勉学。		
1854年 国立ブルノ高等実科学校代用教員となり、物理学・博物学を指導。		
1855年 再度ウィーンで教員資格試験を受けるも不合格。		
1856年 エンドウの交配実験を開始。		1859年 ダーウィン『種の起源』を発表。
1865年 エンドウの交配実験の結果を2回に分けて、自然科学研究会で発表。		
1866年 交配実験の結果を自然科学研究会紀要に発表。	1866年 普墺戦争においてオーストリアはプロイセンに敗北、ドイツ連邦解体。	
1868年 修道院長に就任。	1867年 オーストリア・ハンガリー二重帝国成立。	
		1868年 ダーウィン『飼育栽培下における動植物の変異』発表。
1884年1月6日 死去。		
		1900年 コレンス、ド・フリース、チェルマックによるメンデルの法則の再発見。
1910年 メンデル顕彰碑ブルノに建立。		
	1914年 第一次世界大戦勃発。	1914年 メンデルブドウ日本へ渡来。
	1918年 第一次世界大戦終結。	
	1918年 チェコスロバキア共和国成立。	

1章　メンデルブドウ100年

セント・トーマス修道院の中庭
（撮影：長田）

2014年はメンデルブドウが日本へもたらされて100年目にあたっていた（図1・1）。100年目であるからといって特別な行事は催されなかったが、その時点で私はこのブドウを育成している小石川植物園の後援会会長であり、また、公益財団法人日本メンデル協会の代表でもあったので、それぞれの部内報にその経緯を伝えて、メンデルと日本とのつながりを再認識してもらおうと記事を寄稿した。また、そのかかわりで『生物の科学　遺伝』にも、少し広い範囲の人々に知ってもらおうと記事を書いた[1-1]。これらがきっかけとなり、本書を執筆する運びとなった。

そこで、私がなぜメンデルブドウにかかわりを持つようになったか、また、メンデルブドウとは何であるか、さらに、その背景として横たわるメンデルブドウが被った出来事を知っていただくことで、メ

図1·1　小石川植物園のメンデルブドウ
（撮影：長田）

ンデルの実像に迫ろうと努めることを、本書の始まりとしたい。実は、それらの出来事は世界的な事件を背景としている。

1　なぜメンデルブドウにかかわるようになったか?

1999年6月に、ヨーロッパ分子生物学研究機構（EMBO）より手紙を頂いた。私がアソシエーツ・メンバーに選任されたことを伝えてくださるもので、新メンバーはメンバーの会で講演するようにというものであった。メンバーの会は、その頃はヨーロッパの各地で毎年場所を変えて行われており、その年の会はチェコ共和国の首都プラハで、10月にあるとのことであった。会を主催するチェコ科学アカデミー副総裁のパーチェス（Václav Paces）教授からも詳細な日程の案内を頂いた。後から知ったことであるが、この選任には、友人のマックス・プランク植物育種学研究所のシェル（Jeff Schell）教授が大いに働いてくださったということであった。ちょうどその時、日本とハンガリーの二国間セミナーがハンガリーのセゲトにある生物科学センターであり、参加を要請されていたので、私はそれを済ませてプラハへ向かうこととなった。

当時、併任で東京大学大学院理学系研究科小石川植物園園長でもあったので、植物園でプラハへ行く旨を伝えると、主任技官の下園文雄さんから、プラハへ行くのであれば足を延ばしてブルノまで行って、送り返したメンデルブドウが無事根付いているかどうか確かめてほしいと依頼された。というのは、ブルノから要請があり、メンデルブドウを送り返したのであるが、根付かなかったということで再度送ったからであった。なぜ送り返すことになったかは後で触れる。

ＥＭＢＯの関連の会が終了後、ブルノへ向かうこととした。主催者に聞くと、鉄道もあるが時間もかかるのでバスがよかろうとのことだったので、プラハ・フローレンスのバスターミナルからバスに乗りブルノへ向かった。バスは幹線道路Ｅ５０を南下したが、中部ヨーロッパにありふれたトウヒ、マツ、シラカバ、ブナの林の緩やかな勾配をのぼっていくと、やがて平坦になり、今度は緩やかな下りで、２時間余の行程でブルノへ着いた。

実は後から知ったことであるが、この緩やかな上りと下りは峠を越えるもので、この峠は北部のボヘミアと南部のモラビアを分ける山地であり、ブドウの成育に適しているのは南部のみであるということであった。

あらかじめ連絡を取っていたマサリク大学の遺伝学担当のレリコヴァ（Jirina Relichova）教授はちょうど講義があるということで、ご主人の工科大学教授が迎えに来てくださった。そして、ホテルへ行き、翌日はレリコヴァ教授の案内でトラム（路面電車）に乗って、やや郊外にあたるセント・トーマス修道院の中にあるメンデル博物館を見学し、市内の施設も見学した。メンデルが１８６５年に、最初にエンドウの交配の実験結果の講演を行ったヤンスカ通り（Jánská、旧名ヨハンネス通りJohannesgasse）にある建物を見学し、そのほかのかかわりのある場所も訪れた。不完全性定理を発見したゲーデル（Kurt Gödel）の生家も、そこへの通りであるペカーシュカ通り（Pekařská、旧名ベッカーガセBäckergasse）にあった。その午後はメンデル農林大学を見学し、さらに附属植物園へ行き、メンデルブドウを見ることができたが、送った4株とも元気に成育しており（図1・2）、大きくなれば元々成育していた修道院へも移して植えるということで、目的は達成された。

これがメンデルブドウにかかわる最初の出来事であり、それから様々な出来事が重畳して続くのであった。しかし、メンデルブドウとは何か、誰でも疑問に思うことであろうと思うので、まずそこから始める。

図1·2　ブルノへ送り返したメンデルブドウ
（撮影：長田。1999年秋）

2　メンデルブドウとは何か?

メンデル（Gregor Johann Mendel）というと誰でも知っているのは、エンドウの交配実験により遺伝法則を発見した人であるということである。メンデルといえばエンドウを思い浮かべるのが普通であり、本書の後半の主題である。しかし、その法則の発見を人々が知るようになったのは、35年後に再発見されて以降である。それまでは、モラビアの都市ブルノのアウグスチヌス派セント・トーマス修道院の修道士であり、後に修道院長となった聖職者であるというだけで、決して科学者として知られていたわけではない。

次章で詳しく述べるように、実は修道院長は単に宗教界の中心人物ということではなく、地方議会にも議席を持ち、教育にも責任があった。また、財政にも目を配る必要があり、地域振興に大いに力を振るう必要があった。実際、力を奮っていたのであり、とりわけ、農産物、畜産の向上に大いに配慮しており、また、子供のころから果樹園芸に携わっていたので、ブドウ、リンゴ、ナシにはなじみがあった。ミツバチ、ヒツジの品種改良もモラビアで必要とされており、特に後者は盛んになっていたモラビアの毛織物工業に重要であり、彼自身も日常的にかかわっていた。果樹の品種改良はただちに品質向上につながるものであり、それは地域振興に直結するものであった。その意味では、遺伝の原理を知るために行っていたエンドウの交配の実験は科学的興味の対象であり、ある意味趣味であったといっていい。

また、中世以来修道院ではワインやビールの醸造は伝統的に行われてきたのであるから、むしろブドウ栽培は実用的にもごくありふれた存在であったといってもいいだろう。実際、イタリアからブドウの苗を取り寄せてブドウの交配も行っていたことが知られている[1-2]。話題としているメンデルブドウがどのような種類の品種であるかは知りたいところであるが、東欧のブドウ品種のマイクロサテライトなどの遺伝子プローブを持っているという、（独法）酒類総合研究所の後藤奈美博士に調査を依頼したが、まだ判明していない。なお、大分県杵築市大分農業公園でメンデルブドウより作られたワインの味から、酒類に詳しい吉沢 淑博士は、古い品種であるシルバニアーか、あるいはそれよりさらに、古い品種であろうとのことであった。修道院の中には、メンデルが交配実験を行ったというブドウもあって、これをメンデルブドウと呼んでいたのであり、その株が1914年に日本へ来たのである。

3　なぜ100年前にメンデルブドウは日本へ来たか?

1900年にメンデルの遺伝法則が再発見され、生物学の重要な法則となったとき、すでに亡くなっていた修道院長メンデルを顕彰しようとする活動は様々にあったが、メンデルの法則の再発見者の一人チェルマック（Erich von Tschermak）の主唱で、メンデルの故地ブルノにメンデル像を建てようと提案された。地元や関係者が基金を提供したが、世界的にも募金が求められた。日本でも日本植物学会を中心に集められたが、その中心で活動したのは、東京帝国大学理学部の三好 学教授であり、チェルマックのもとへ送金された。当時の日本植物学会の記録によると、募金者は65名で、額は105円50銭であった。そして、メンデルの大理石像（図1·3）が制作され、メンデル広場に建立され、1910年に関係者が集まり除幕式が行われた。三好教授は、1913年から2年余にわたって世界各国の視察に出かけ、オーストリア・ハンガリー二重帝国のブルノも訪問した。そのとき、現地では三好教授に謝意を示し、メンデルの遺品とともにメンデルブドウの苗を

図1·3　1910年に建立されたメンデル像
ブルノ市メンデル広場に建立されたメンデル像には、図にあるようにドイツ語で「自然科学研究者グレゴリー・メンデル神父（1822 – 1884）のために科学の友人らにより設立」と書かれていたが、第二次世界大戦後修道院へ移され、その際碑文は削られた（図6·5参照）。（文献［1-3］より）

お礼の印として贈ったのである。その場には、メンデル伝としては最初の著者イルティス（Hugo Iltis）博士や[1-3]、後に東北帝国大学理学部に生物学科が創設された際に招聘され、その後ウィーン大学総長にもなったウィーン大学のモーリッシュ（Hans Molisch）教授も居合わせた。モーリッシュ教授は、植物相互間の物質による制御の現象であるアレロパシーの命名者であり、著名な植物生理学者である。今日、アレロパシーは、合成化学薬品によらない自然な雑草制御の可能性のある現象として注目されている。なお、彼は幼時にメンデルに教えを受けているということである。

ブドウは翌年の1914年に送られたが、三好教授はなお旅行中であったのでシベリア鉄道で送られ、小石川植物園に植えられた。2014年はそれから100年経過したということである。その場所は、最初は精子発見のイチョウの近くであったということであるが、後に柴田記念館の隣にニュートンのリンゴと並んで植えられて今日に至っている。

ただそのときは、まさに第一次世界大戦が勃発する直前であった。オーストリア・ハンガリー二重帝国の皇太子フェルジナンド（Ferdinand）夫妻が、ボスニア・ヘルツェゴビナの首都サラエボを視察中に、セルビアの過激な愛国者プリンチップ（Gavriro Princip）の放った銃弾により暗殺された。当時二重帝国へ編入されたばかりのセルビアでは反二重帝国勢力が強く、このような事態に至ったのである。したがって、地政上は二重帝国の内にあるので本来は国内問題であるはずであるが、同盟関係にあるドイツ帝国よりほとんど白紙に近い委任状を得ていたオーストリア・ハンガリー二重帝国は、セルビアに宣戦布告したのである。ところが、セルビアはスラブ系ということでロシア帝国がセルビア支持を打ち出したことで、第一次世界大戦が勃発することになった［1-4］。当初この事態は二重帝国内では軽く見られており、すぐ終結するのではと思われていたことは、プラハにいたカフカ（Franz Kafka）の述べていることからわかる［1-5］。ところが、東部戦線から、イーディシュ語を話す東方ユダヤ人が避難してきたことから（5章4節参照）、楽観できない状況へと変わっていった。そして、この事態は、現地のメンデルブドウに影響を与えることにつながっていくのである。

4　チェコスロバキア共和国

第一次世界大戦は結局ドイツ帝国側の敗北に終わり、広大な領土を抱えていたオーストリア・ハンガリー二重帝国も瓦解し、多くの国々が独立した。チェコとスロバキアはチェコスロバキア共和国となり、マサリク（T. D. Masaryk）を大統領として発足した。そのとき修道院には急激な変化はなかったものの、社会上層部はチェコ系に代わり、公式使用言語はチェコ語になった。一方、ドイツに成立したワイマール共和国は膨大な賠償金を課せられ、極度なインフレが発生したことから、多くの混乱がもたらされ、ナチスの台頭を許すこととなった。ナチスはドイツ系住民の多いチェコ周辺部のズデーテンランドへ進駐したが、宥和的雰囲気で行われたミュンヘン会談がこれを阻止できなかったことから、チェコスロバキアはドイツの領邦となり、やがて、第二次世界大戦へ向かうこととなった。

　第二次世界大戦も枢軸国側の敗戦となり、チェコスロバキアは他の東欧諸国とともにソ連の傘下に入ることとなった。そこで、ズデーテンランドとチェコ領内のすべてのドイツ系住民はチェコスロバキアを追われるが、その経緯は4章でふれる。また、ソ連の傘下に入ったことで、チェコスロバキアのメンデルに関係する施設も学問環境も深刻な変化を被る。

　まず、１９２０年代から起こっていたソ連での反メンデルの流れを述べる必要がある。ソ連では優れた遺伝学者ヴァヴィロフ（Nikolai Vavilov）が遺伝学に大きな貢献をするのであるが、１９２６年ころから農学者ルイセンコ（Trofim D. Lysenko）が、獲得形質の遺伝を主張し、正統的遺伝学を否定する方向へ向かった。問題は、ルイセンコイズムが科学的根拠に基づかない似《え》非《せ》学問であったことであるが、独裁者スターリンの全面的な支持を受けたことで、ヴァヴィロフもその被害を受け、告発され、１９４３年には牢獄死に至った。無実であったということで復権はするが、それは死後12年も経過していた[1-6]。この経緯は6章で詳しく述べる。そして、第二次世界大戦が連合国側の勝利となり、東欧圏もソ連の影響下に入ると、ルイセンコイズムは、特にチェコスロバキアで猛威を振るうことになった。まず、共産圏になったということで、宗教は悪魔であるという主張のもと修道院は閉鎖され、主だった宗教者は投獄された。また、ルイセンコイズムの影響下でメンデル遺伝学は否定され、メンデル広場にあった大理石のメンデル像は、破壊こそされなかったが、台座のドイツ語は削られ、修道院の構内に移されてしまった。このルイセンコイズムの嵐は、庇護者スターリンの死後もなお衰えることなく、やっと退潮したのはフルシチョフの失脚後であった。さすがに、ソ連でもルイセンコ学説が似非科学であることは気付かれていたが、その退潮に至るまでには長い期日を要したのである[1-7]。1965年には、ブルノでメンデルの法則発表100年の記念の国際会議が開かれたが、まだルイセンコの影響は様々な形で残っていた。実は、この間に現地のメンデルブドウは失われてしまったのである。

5 メンデルブドウ故郷へ帰る

1965年にメンデルの法則発表100年が祝われたが、米ソの冷戦は続き、東欧諸国はソ連圏にあって、チェコスロバキアやハンガリーの民主化運動もソ連の軍事介入で抑圧され、社会主義圏は一見盤石の様子にも見えた。しかし、1980年代からさまざまな綻びが見え始め、ついに1989年秋のベルリンの壁の崩壊を機に東欧諸国の民主化は進み、チェコスロバキアではビロード革命により、緩やかな民主化が遂げられた。もともと、民族的背景がやや異なるチェコとスロバキアは分離して、別々な共和国となった。そして、チェコ共和国ブルノの人々は、ブルノでは途絶えてしまったメンデルブドウが実は日本に成育していることを、当時日本メンデル協会の理事で、山形大学名誉教授であった中沢信午博士からの連絡で知ることとなった。ブルノから、このメンデルブドウをぜひ里帰りさせてほしいと小石川植物園に依頼があり、送ったのであるが、最初の苗は根付かず、冒頭に述べたように二度目に送ったブドウは、無事メンデル農林大学附属植物園で根付いていた。

ところが、話はさらに展開することとなった。メンデル農林大学のクロペク（O. Chloupek）教授から、私に、「２０００年にはメンデルの法則再発見から１００年を記念して国際会議がブルノで開かれるので、日本メンデル協会からも代表を送ってほしい」と依頼があった。私は、当時日本メンデル協会の国際担当の理事であったので、この国際会議に出席することとなったが、主催団体はドイツ植物育種学会であり、主催責任者がクロペク教授であった[1-8]。会の冒頭でクロペク教授は、「メンデルブドウはチェコ民衆の受けた苦しみを象徴している」と述べ、私はメンデルブドウの経緯と「東京大学の植物園で成育しており、日本の公的機関には分譲もしている」と紹介したところ、会場からは驚きに似た感嘆の声が聞かれた。さらに、後日談があり、２００１年は国際植物成長物質の会議がブルノで開かれ、そちらへも招聘があって参加することになった。会議中、ホテルの朝食で何度も会ったカリフォルニア大学のセオロジス（Anathasius Theologis）教授は、遺伝資源に関して複数の試料を保存しておく必要があるといわれるが、メンデルブドウは、その必要性を示す具体的な例であるといわれた。彼は、シロイヌナズナゲノムプロジェクトの主要メンバーであるので、その発言は特別の重みをもって響いた。

２０１４年9月には、クロペク教授から、最初に見た時から15年経過したメンデルブドウは順調に成育し、多くの房をつけたという連絡とともに写真が寄せられたが（図１・４）、すでに彼も名誉教授となっているとのことであった。

図1・4　ブルノへ送り返したメンデルブドウ
（撮影：クロペク教授。2014 年秋）

6　本章のおわりに

メンデルブドウは、100年の時を超えて、日本とチェコをつなぐ存在であることを知っていただけたのではと思う。私はこれを契機に、メンデルの置かれた社会環境とその変化の中でメンデル遺伝学がいかにして成立していったかの過程を改めて学び直した。その結果、通常説かれていることとは異なることも多く見受けられ、メンデルとメンデル遺伝学の理解のためにはそれらの背景も理解する必要があるということを強く感じた。これを念頭に置いて、メンデルの事績を追跡することによって、初めてその実像が捉えられるということを実感した。そこで得た事柄を下に、以下の章を書き進めることとした。

コラム　ブドウの故郷

ブドウ *Vitis vinefera* L. の果実は生食もされるが、世界的に見ると圧倒的にワインに加工されることが多い。ブドウの原産地は地中海から黒海にかけてと推定されている。野生種 *Vitis vinefera* spp. *sylvestris* から作り出されたと考えられている。ブドウ栽培は、紀元前２０００年にはメソポタミア、ギリシャで行われており、エジプトでは数品種が知られている。また、ジョージア（旧名グルジア）では、４０００年来の古い製造様式でワインが作られていることが知られている。フランスへは、ローマ時代に伝わり、さらに、ドイツへ広がった。現在、世界で５０００以上の品種が知られている。日本へは、奈良時代に中国経由で到達し、甲州ブドウのもととなっているが、近代的な品種は明治になってから川上善兵衛により新潟県岩の原へ導入された。岩の原に適した品種は栽培され続けたが、後に、多数の他の品種は山梨県へ移っていった [1-9]。

2章　メンデルの肖像

修道士メンデル
（提供：メンデル博物館）

メンデルに関する著書は多くあり、メンデルの生涯については様々に述べられているので、当初、この本ではそれらについては特に書かなくてもよいのではと考えていた。ところが、それらを読み進んでいくうちに、生涯について邦書であらわされたものは、多分に神格化されたメンデル像が多いように思われてきた。突然ひらめいて、エンドウで交配実験を行って遺伝法則の発見に至ったと述べているものもあり、それは正さなければならない。そのためにはメンデルの置かれていた環境を正確に理解する必要があり、科学史的検証も必要である。そこで、本章ではそれらの批判も考慮して、できるだけベールを脱いだメンデルの実像に迫るよう努めて描写することを心掛けた。また、彼の活動していた環境は、今日ではチェコ共和国に属するが、当時はハプスブルクのオーストリア帝国であり、また、後にオーストリア・ハンガリー二重帝国となり、その状況は彼に様々な影響を与えている。それらの変化もできるだけ取り込んで描写するように努めた。

1 メンデルの故郷

メンデルは、チェコ・シレジア（当時は、オーストリア・シレジア）のヒンツェーチェ（Hynčice、当時はハインツェンドルフ Heizendorf）で、１８２２年7月２２日に、農業を営むアントン・

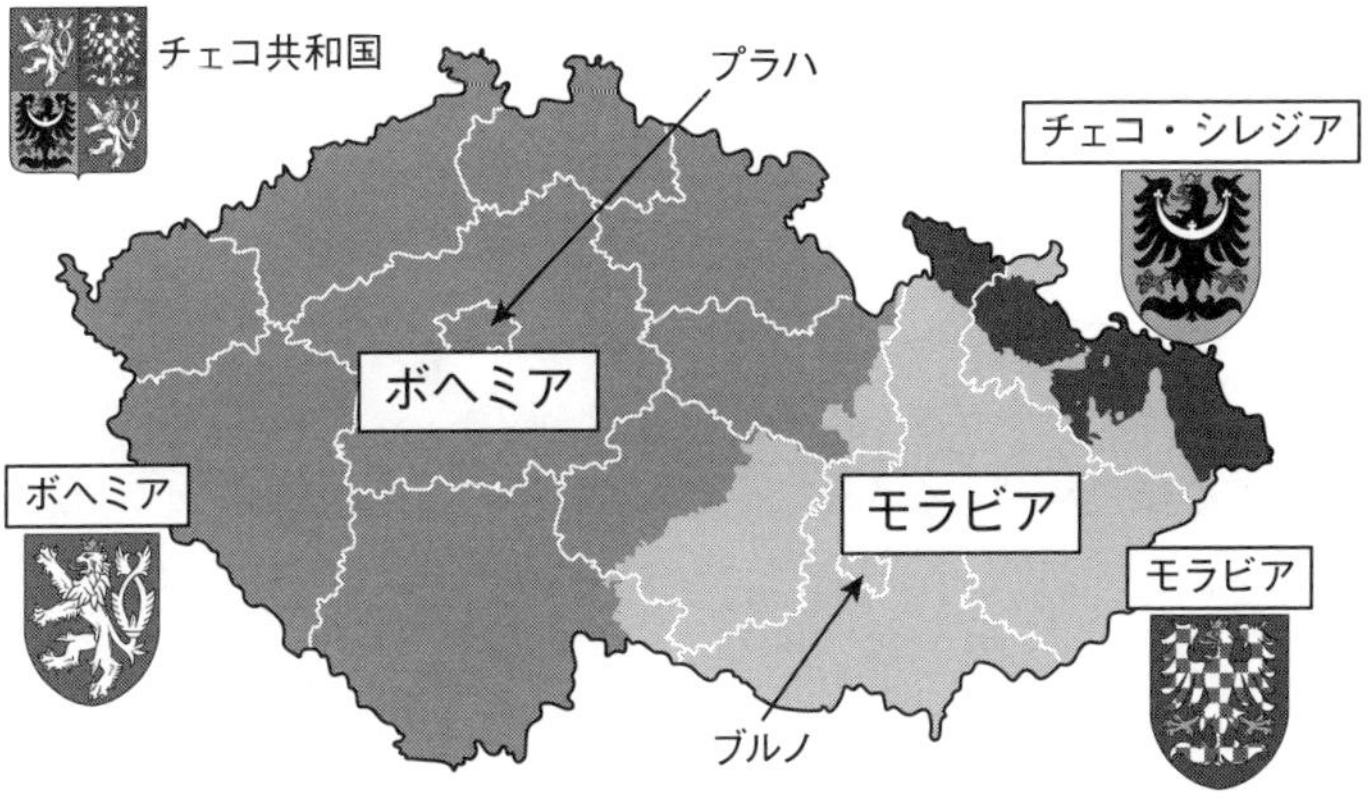

図2·1　チェコ・シレジア
チェコ共和国は、ボヘミアとモラビアよりなる。それぞれには紋章があり、右上はメンデルの生地チェコ・シレジアの紋章である。

メンデルの長男として生まれたが、その時の洗礼名はヨハンであった。シレジアは、オーストリア（現在はチェコ共和国）、ドイツ、ポーランドにまたがり、歴史的にその境界は時代によって移動した地域であり、政治的にもそれぞれの時代において緊張がもたらされているが、その場所が石炭など地下資源の豊かであることがその背景にある（図2・1）。オーストリア・シレジアは、チェコにおいては、ズデーテンランドに属し、第二次世界大戦への序章となるような時期には人々の注視を集めた場所であり、「鉤十字」を掲げるナチスが進駐した場所でもある。

ヒンツェーチェ一帯は、クーレントヒェン（Kuhländchen）と呼ばれており、スラブ名に由来するという説もあるが、そのドイツ語の意味するところは「牝牛の里」であり、実際牧畜が盛ん

図2·2　メンデルの生家
（文献 2-2 より）

であった。メンデルの祖先は、16世紀半ばに南西ドイツのシュバーベン地方から、ドイツ農民戦争を避けて当地へ移住した人々で、そこに住んで400年経過し、ドイツ語を話していたが、それはパイリッシュ（Peirisch）という、シレジアでも独特なドイツ語方言であった〔2-1〕。その一帯には、ドイツ系、スラブ系のチェコ人が、それぞれの村々でモザイク状に住み分けており、そこを流れるロスバッハ川はオデル河（チェコ語ではオドラ河）の上流にあたり、オデル河はシレジアを横断し、ポーランド、ドイツの国境線に沿って北上し、バルト海に注いでいる。

メンデルの父アントンは、ナポレオン戦争に従軍して帰還し、果樹園を含む農園を経営していた。それ以前には木造家屋であったが、レンガ造りの立派な住宅に改めて、建造した（図2·2）〔2-2〕。その家屋は今日も残っており、地元の人々と、チェコ・シレジアを追われたドイツ系旧住民の人々で組織されている財団によって運営されているメンデル博物館となっており、ブルノのメンデル博物館と連携している〔2-1〕。なお、この地方の第二次大戦後の状況と、そしてその地が今日どうなっているかは4章で触れられる。この地方出身の著名な科学者としては、ほかに精神分析学のフロイト（Sigmund Freud）らがいる。

2 メンデルの就学

ヨハン・メンデル（以下では単にメンデルとよぶ）は、近くの小学校へ通うも、近郊の町リプニーク（Lipník、当時はレイプニック Leipnik）のピアリスト派修道院の学校で学ぶ生徒の話を聞いて大きな興味を持ったので、そちらへ一年間通い、さらに向学の意志が強く、上級学校であるギムナジウムへの進学を希望した。それは、ヒンツェーチェから北へ40㎞余りのポーランド国境に接するオパヴァ（Opava、当時はトッロパウ Troppau）にあった。ギムナジウムとは六年制の中等学校である。そこでのメンデルの学費の工面は容易ではなく、家庭教師をしながらの勉学であったが、優れた成績を修めて卒業した。

さらに、より上級の学問を目指して、1841年にオロモーツ（Olomouc、当時はオルミユッツ Olmütz）大学の哲学学校へ入学したが、そのとき18歳であった。哲学学校とは聞きなれない名称かもしれないが、今日相当する日本での課程を探すと大学の教養課程か、あるいは、旧制大学の予科のような組織である。そこで、哲学、宗教あるいは医学を二年間勉強し、修了すると

図2·3　メンデルの姉と妹
左はメンデルの妹テレジア、右は姉ヴェロニカ、中央はテレジアの配偶者レオポルド・シンドラー（Leopold Schindler）である。（文献 2-2 より）

大学へ進学することができる。ところが、メンデルはそこでの勉学の資金にいっそう困窮することとなった。父アントンは事故で怪我をしていたのであるが、その怪我が悪化して農家経営の続行が不可能になっていたのである。その事故は領主への「ロボット」とよばれる労働奉仕の際に起こり、森林から林木の搬出作業の際に負傷したのである。今日われわれが現代語として使うロボットは、チェコの作家チャペック（Karel Čapek）の作品の『ロボット』によっているが、その語源はこの労働奉仕にある。その結果、アントンは、メンデルに農家を継いでもらうよう希望したが、メンデルは学業の続行を強く望んだ。このため、姉ヴェロニカ（Veronica）の結婚相手であるステュルムに農家と農地を買ってもらうことにより、学費を捻出することとしたが、その条件には、父とメンデルに年金を出してもらうことも入っていた。万一の場合には、その家の一間にメンデルが住めるということも条件の中に入っていた。しかし、それをしても学費の捻出に困窮したので、妹テレジア（Theresia）のために用意された結婚資金も提供してもらい、さらに、家庭教師を行いながら、何とか修了することができた。

なお、メンデルは、これに対して、後にヴェロニカの子供であるアロイス・シンドラー（Alois Schindler）が、ウィーン大学で医学を修めて医師になるまでの負担をするほか、アロイスの他の兄弟の学費も負担することで報いている。

オロモーツでは、急激な環境変化のために最初健康を害し、一年間実家で静養したのち復帰し、数学と物理を中心に勉強したが、大変優秀な成績を修めた。物理学を講じていたフランツ（Friedrich Franz）教授は彼の才能に気づき、また、進路の相談も受けていたので、アウグスチヌス派セント・トーマス修道院（図2・4）の院長キリル・ナップ（Cyril F. Napp）（図

図2·4　セント・トーマス修道院
（文献2-2より）

図2·5　ナップ（Cyril Napp）
（文献2-2より）

2・5）から優れた生徒の推薦を依頼された際、メンデルを候補者の第一位として推薦した。それにより、修道院で修道士となることが決定し、限定的ではあるがメンデルの希望する学業の継続が可能となった［2-3］。

3 セント・トーマス修道院と修道院長ナップ

実は、その時点を遡ることしばらく前から、修道院を巡る環境には相当な変化があった。女帝マリア・テレジアを継いだ皇帝ヨセフ二世（在位期間1780年―1790年）は、帝国内の教会の数を半減することを命じたが、その時セント・トーマス修道院は廃絶を免れたものの、修道士数を減らすことと、もともとは町の中心にあった修道院を、やや郊外の女王教会の隣にある廃絶された尼僧院の建物へ移転することを余儀なくされた。なお、女王教会は14世紀に由来するブラックマドンナ像で名高い。間に短いレオポルド二世の代を挟み、その次の皇帝フランツ一世（在位期間1792年―1835年）のもとではいくぶん状況は改善されたが、新たに哲学研究院を設けるようにとの指示があり、教員団を構成する必要があった。その時期にあたる1824年に修道院長として選任されたのがナップであった。そのように、修道院が外圧を受けて困難であった時期に、ナップは大きな力を振るって修道院の運営にあたり、モラビアにおける有力な地歩を築いた。それはあとで触れるように、宗教界にとどまらず、広範囲にわたっていた。

ナップは修道院の自律的経済活動を向上させるべく農園経営に力を尽くし、畜産の振興にも意を配った。おりしも、羊毛を用いた繊維工業はモラビアのブルノで盛んになっており、その質の向上のためには、羊の品種改良は重要な課題であった。実際、その時期多くの人々がドイツから移住してきているが、盛んになった繊維工業への参画のためであり、不完全性定理の発見者ゲーデル（Kurt Gödel）の母方の祖父もその一人である。また、農業振興のためには、作物の品種改良は重要な手段であった。いずれの改良手段においても遺伝的に改良することが必要ということで、ナップは、遺伝機構の究明が重要であり、その解明に努めるべしという課題を提出した。遺伝の原理を明らかにすることが重要であるとは、彼の主催で１８４０年にブルノで行われた全ドイツ農業研究会議においても主張された言葉である。これは、後のメンデルの遺伝法則発見へつながる要因の一つとして挙げることができよう。

さらに、修道院の存在理由は、第一義的には宗教活動であることは言うまでもないが、修道院は大土地所有者でもあり、その他に教育活動としてモラビアの教育にも意を配る使命があり、修道士は学校の教員として働くことも課されるようになっていた。なお、ナップ自身は、オロモーツ大学で学び、東洋学者としての声望があり、神学の名誉博士号を有し、修道院ではヘブライ語、ギリシャ語他を教えた。ナップはまた、ナポレオンにより消滅させられた神聖ローマ帝国から、オーストリア帝国へと変わっていた帝国のモラビアにあって、リベラルな考え方を持ち、民族的には寛容で、帝国によって忌避されるような人でも、能力のある人にはできるだけ保護を与えていた。

その代表例は、クラチェル（Matouš Klácel）の処遇に見ることができる。その学識を認めて、オロモーツ大学で学位を取得できるべく配慮したが、取得には至らなかった。クラチェルは後に、

図 2·6　セント・トーマス修道院図書室
（提供：メンデル博物館）

その自然哲学的、汎神論的傾向を帝国当局から指弾され、ボヘミアへ出ていかざるを得なかったが、そこではチェコの独立にかかわるスラブ運動に積極的にかかわって活動した。そのために、再度モラビアへ戻らざるを得なかったが、ナップはその学識を尊重して、修道院で植物の育成にかかわらせ、膨大な蔵書をも

つ修道院の図書の管理の仕事に就かせた（図2・6）。しかし、結局クラチェルは、自由の天国であると信じたアメリカへ出奔することになり、そこで意を果たせぬまま客死した。彼が運営にかかわった植物育成の圃場と温室において、当初メンデルが植物栽培法の手ほどきを受けたことが、後のエンドウ栽培とその交配実験の基礎になっていることは注目すべき点であろう［2-3］。

その間1848年には、オーストリア帝国でいくつかの劇的な変化があった。ナポレオン戦争後のウィーン会議を主導した宰相メッテルニヒ（Klemens von Metternich）は、フランス二月革命のヨーロッパ各地への影響がウィーンにも及んだことにより失脚し、亡命した。その後の帝国政府はいったん民主的様相を示すものの、たちまちに反動化していった。その時期モラビアにおいても地方議会が招集され、様々な封建的制度の廃絶を含む請願がなされ、領主への労働奉仕であるロボットはこの時なくなった。しかし、反動化の中では結果的に変わらないものが多かった。なお、この時期に上記クラチェル他5名により「修道士にも一般市民のような権利を認めるように」という請願文書が政府へ送られていた。というのは、修道士になると市民の権利からは隔絶されてしまっていたからであり、この請願書にメンデルもサインしていたのである。この文書は1955年になってウィーンで発見されているが、この時までには修道士としての採用が決まっていたためか、これがその後の彼の処遇に影響を与えた形跡はない［2-3］。

4 修道士メンデル

メンデルが修道士補になったのはちょうどこの時期であり、修道士名グレゴール（Gregor）が与えられたので、彼の名前は Gregor Johann Mendel となった（図2・7）。当初は神学校で宗教学、ギリシャ語、ラテン語、ヘブライ語を学び、チェコ語の習得にも努力し、続いて哲学学校で果樹栽培法を習ったが、勉学の時間は十分あったと伝えられている。2年後に修道士となって最初に与えられた仕事は、病院で患者の世話をし、その苦痛を和らげることであったが、メンデル自身が患者に共感して精神的安定を失って病床につかざるをえなかった。メンデルのそのような性質を見抜き、教育活動に向いていると判断したナップは、司教の指示を仰いで教員の職を充ててもらった。

その結果赴任したのが、モラビア南部のズノイモ（Znojmo、当時はズナイム Znaim）のギムナジウムの代用教員職であったが、そこは、オーストリア国境へはわずか7㎞の町である。そこで、メンデルはギリシャ語、ラテン語、数学を教えていたが、生徒からの評判もよく、教師団からも大変高い評価を受けた。それで、校長は彼に引き続いて教員として勤めてもらいたいと望み、正規教員としての資格を取ってもらおうということになった。

おりしも、メッテルニヒの退任後、いったんは民主化したがその後に反動化した新政府ではあるが、その時期正規教員への転換を奨励していたこともあり申請は受理された。その結果、物理学、博物学の課題に対するレポートを出すことで審査は進められ、物理学はほぼ満足する結果であったが、博物学の結果は不十分と判定された。それで、ウィーンへ赴いて口頭試験を受けることとなったが、準備不足もあり不合格であった。

メンデルのことを心配したナップは、試験委員長でありウィーン大学教授であった物理学者バウムガルトナー（Andreas Baumgartner）に試験のことを問い合わせると、メンデルのうちに才能を見て取っていた彼は、ウィーン大学で研究生として研修させてもよいという返答をした［2-3］。

図2·7　セント・トーマス修道院のメンバー
メンデルは立っている右から２人目で、フクシアを手に持っている。座っている右から２人目は、修道院長ナップ。（提供：メンデル博物館）

5 ウィーン大学での勉学

教員試験が不合格であったために配慮されたウィーン大学での勉学は、メンデルのその後の研究の発展にきわめて重要な役割を果たすことになった。1850年10月に、メンデルは夜行列車でウィーン大学へ向かい、冬学期から大学の講義に参加することとなった。受けた講義は、物理学、化学、古生物学、植物生理学などであったが、オロモーツで得意であった物理学には特に力を入れた。ドップラー効果の発見者として、今日でも知られているドップラー（Christian Doppler）教授、エッチングハウゼン（Andreas von Ettinghausen）教授の講義に参加したが、ドップラーはすぐ病気で退任し、亡くなったので、大部分は後を受けたエッチングハウゼン教授の講義であった。その内容は、物理数学の組み合わせ理論を含むものであった。特記すべきは、実習コースが伴っていたことである。後に反動化するものの、1848年の革命により民主化のきざしがあった大学のカリキュラムはそこで大きく変わり、実験が主要な部分を占める近代的なものに改まっていたのである。しかも、メンデルの身分は研究生というものであったが、正規の実習に参加することができ、そこで、実験とその結果の解釈、さらにそこから演繹的に先の論理構築を行うことを学んだことは、後の研究展開に大変重要な役割を果たしたと思われる。また、講義のリストには確率論の講義も見られており、データの意味とその解析に有益な示唆を与えたと推定される。

化学は、レーデンバッハ（J. Redtenbacher）教授の講義を受けたが、著名な化学者であるリービッヒ（Justus von Liebig）の下で研究を行っていた優れた化学者であり、当時の先端的なダルトン（John Dalton）の分子理論などを習った。また、土壌の成分が植物に及ぼす影響の講義もあり、レーデンバッハは植物学にも関心をよせていたので、後にウィーン大学植物学教授となるケルナー（Anton Kerner von Marilaun）にも影響を与えている［2-4］。これらの、物理学、化学の理論と実験手法は、その後のメンデルが植物を交配して得られた雑種植物の解析と、その背景の機構の推論を立てるのに大きな力となったと思われ、遺伝法則発見の要因となったと考えられる。しかし、このような議論は以前よりなされているが、メンデルが自身の言葉でそれらについて語っているわけではないことを、現代のわれわれは知っておかなければならないであろう。科学は、仮説に基づいて実験を行い、その検証から演繹《えんえき》的に論を進められるが、メンデルは忠実にそれを行っている。ままある突然ひらめいて法則提示に至ったのではないので、いたずらに神格化に走ってはならない。

一方、植物学は、グラーツ大学より赴任したばかりのウンガー（Franz Unger）教授の講義を聞いた（図2・8）。ウンガーは、細胞学説の主唱者シュライデン（Matthias Schleiden）の下で学んだので、先鋭的な細胞観を講じた。シュライデンはその著書である『植物学基礎教程』で、「真理を志すのであれば、教科書にはないのでこの本もただちに捨てなさい」という激烈な言葉を冒

図2·8　ウィーン大学植物学研究室と植物園
メンデルはここでウンガーの講義を聞いた。
（提供：キーン［M. Kiehn］教授）

頭にかかげ、「真理は対象とする植物材料のみにあるのである」と述べている。実際、彼は多くの新しい知見をもたらしているが、その中には後に訂正されたことも含まれていることが知られている。「誤りを恐れるな」とも述べている。その衣鉢を継いだウンガーは「すべては細胞の活動にて説明すべし」という明確な主張を貫いており、柔組織が細胞分裂の結果形成されることを示して、師の説の間違いをただした。このような新しい細胞観はメンデルに鮮烈な印象を与えたのではと思われる。さらに、その講じた内容の中には藻類の受精の話題もあり、また、植物雑種に関するゲルトナー（Carl F. Gärtner）の紹介も含んでいたということであるから、これもその後のメンデルの実験の設計とその推進に役立ったことと思われる。ブルノに保管されている蔵書の中にあるゲルトナー著の本には、メンデルの書き込みが至る所にあり、彼の論文［2-5］でも第一番に引用していることは、この推定を裏付けるものであろう。

なお、ウンガーには次のようなエピソードもあり、当時のウィーンの状況と彼の思想的状況をよく表している。ウンガーは、古生物に関する論考を匿名で新聞へ寄稿したのであるが、それに対して所属する哲学部の学部長からカトリックの教義に反すると非難された。その寄稿がまとめられて本になった段階ではウンガーの署名があったので、それには名指しで攻撃を受けた。ただし、それはより高位の大臣の地位にある人のとりなしで事なきを得たということである。古生物に関する論考とは、発見されている化石の由来について、生物進化の考えを述べたもので、結果的に従来の宗教観へも挑戦することとなり、多くの人々が沈黙していたタブーに挑んだ先鋭的科学者であったことがわかる。あたかも、進化論を発表した直後のダーウィンに似た状況が推察できるが、キリスト教国では、天地創造説はそれほど大きく立ちはだかっていた［2-3］。

そのほか、メンデルは、同郷であるオーストリア・シレジアの出身であり、ウィーン博物館の館長であった昆虫学者コラー（V. Kollar）の講義にも出席した。また、彼の主宰する動植物学会で、ダイコンの害虫ツトガ類（*Botys margaritalis*）について発表し、その学会の紀要に論文を出している。また、ブルノへ帰ってからは、エンドウの害虫である甲虫類（*Buchus pisi*）に関する研究を行い、それはコラーにより学会で読み上げられ、それも紀要に発表されている。これらは、メンデルの最初の学術論文となったが、エンドウを材料とした研究は、その後の交配実験の予備の試みとなっていると見ることができる。

このように、メンデルの二年間のウィーン大学滞在はきわめて有意義であり、後のエンドウの交配実験の展開のもととなり、大発見の準備期間ととらえられる。多くの要素が見て取れることから、もっと注目されていい時期である。とりわけ、物理学、化学の基本的な実験科学的手法を学んだことはきわめて重要である。彼も自らを物理学徒であるといっているように、生物現象を物理学と化学の分子理論も含めた手法で解析したことが大きいといえるであろう。残念ながら、それらの件について彼が直接書き残しているわけではなく、多くのメンデル研究者の推論はいずれも状況証拠によっている [2-6]。

6 国立ブルノ高等実科学校

1853年7月にブルノへ戻った彼は、ズノイモのギムナジウムへは戻らず、一旦教会の附属宗教学校で教えるも、翌年からは新たに設けられていた高等実科学校（図2・9）の物理学・博物学の代用教員として勤めることとなった。おりしも、繊維産業などが盛んとなった工業都市ブルノでは、科学技術の専門学校を必要としていたので、アウスピッツ（Joseph Auspitz）を校

図2·9　国立ブルノ高等実科学校
1865年2月8日、3月8日の両日にメンデルは遺伝法則に関する報告を行った。(提供：メンデル博物館)

長とする六年制の高等実科学校が発足していた。主要なメンバーはザワドスキー(Aleksander Zawadski)などであったが、メンデルはそこで物理学と博物学を担当した(図2・10)。ザワドスキーはウクライナのレンベルク大学(当時は二重帝国に属するガリチアにあった)の教授を務めたこともあったが、その主張の過激なことで職を追われ、また、ウィーンでは1848年の革命の際の学生のアジテーターとみなされていたので、そこには住めなかった。しかし、彼のその広範な学識は高等実科学校では歓迎され、また、自然科学研究会を組織した時の中心人物であり、さらにその書記として会の運営の中心であり、一連の科学に関する講演も行っている。その講演に

図2·10　国立ブルノ高等実科学校教員団
前列右から2人目がメンデル。右から5人目は校長アウスピッツ、6人目はザワドスキー。後列右から5人目はマコフスキー。（文献2-2より）

おいては、彼の「科学により社会の進歩が得られる」という自然哲学的姿勢が特に強調されていたが、高等実科学校の講義でもそれが生徒らに伝えられた。

メンデルにより行われた授業は、わかりやすく明快であり、学生により大いに歓迎され、学生に与えた印象は大変良いものであった。また、学生が修道院を訪問すると、温かく迎え入れ相談には親身に乗っていたことは、メンデルが科学者として有名になった後の、学生らの回顧として残されている[2-2]。なお、この高等実科学校のほか、工業専門学校も設立され、それは工科大学へと発展している。そして、この頃彼のエンドウの交配に関する実験が始まった。

この時期、セント・トーマス修道院には次の試練が襲っていた。1848年の革命後、いったん民主化に向かうも、再度保守化したオーストリア帝国のカトリック教会では、教会・修道院が宗教機能を果たしているかどうかのチェックが行われた。セント・トーマス修道院では、ローマ法王庁からの指令として、プラハの大司教の査察を受けることになった。大司教の見解では、全体としてセント・トーマス修道院は宗教的義務を果たしていないという厳しい意見で、特に、クラチェル、ザワドスキーは不適格者であるという判断であった。また、その報告は法王庁へも送られた。これに対しナップは、修道院の置かれている状況を説明し、十分宗教的義務を果たしているという抗弁書を送った。しかし、その後修道院は特に組織上の変化を求められることもなかった。また、メンデルの処遇にも変化はなかったので、この査察結果がどのように処理されたかは今日でも明らかになっていない。

それが一段落した段階で、メンデルは再度ウィーン大学へ赴いて、教員の認定試験を受けた。ところが、再度不合格となってしまったのである。今回の試験では、ウィーン大学の植物分類学教授フェンツル（Eduard Fenzl）が試験官の一人であったが、彼の口頭試問の中途で精神の安定を失い、回答も途中でやめてしまった。具体的な内容は知られていないが、フェンツルの孫にあたる、メンデルの法則の再発見者の一人チェルマック（Erich Tschermak）がのちに「フェンツルは、終生、植物の遺伝的形質は花粉に依存すると信じて疑わなかった」と述べていることからすると、そのころまでにはメンデルのエンドウの交配の研究はある程度進んでいたはずであるから、これらの点が争点となり、それが原因で精神の安定を失ったという推論がある[2-3]。それは大いにありうるが、これについても具体的証拠はない。

メンデルはこの後ブルノへ帰り、一時は落胆の様相を示していたが、校長アウスピッツの評価も悪くはなく、引き続いて代用教員として高等実科学校で教えることができ、研究も進められた。ただし、払われる給与は正規教員の半額であった。

7 ブルノ自然科学研究会

ブルノの自然科学研究会は、メンデルの発見に大きく貢献している。それまでの農業研究会の下部機関という立場を脱し、1859年に独立な運営組織となり、ニッスル（G. Niessl）の主導により推進された。会務はザワドスキニーにより行われ、その代表はミトロフスキー伯爵（Count von Mittrowsky）であった。当初のメンバーは141名であったが、その翌年には171名となり、メンデルも正式メンバーとして参加を認められた。例会では様々な課題について報告されたが、特にザワドスキーはウィーンの学会に参加して得た新しい情報に基づく植物雑種に関する講演を行っている。マコウフスキー（A. Makowsky）がダーウィンの進化に関する話題も講演しているように、自然科学に関する多様な話題が提供されていた。

そして、1865年2月8日と3月8日の例会で、メンデルは8年にわたるエンドウでの交配の実験結果を2回に分けて発表した。初回は、研究の動機とその過程について述べ、続いて得られた雑種の形質について、単一の場合、二つの場合、三つの場合について報告した。二回目には、親の形質がどのように子に伝わるかについて述べ、エンドウ以外の植物の場合についても述べた。しかしながら、その講演についての参加者の反応は特になかった。その日の地元の新聞記事には「興味を持たれた」とあるが、多分に社交辞令ではないかと疑われている。その多くを占める数理的解析が理解されなかったのであろうと推定される。

その内容は求められて1866年のブルノ自然科学研究会の紀要に発表した。その雑誌は120部以上交換図書として各地の要所に配布された。東京大学小石川植物園にもその1部があるが、それは、イギリスのジョン・インネス研究所には重複して保有されており、その1部が処分されたものを入手したものである。また、メンデルの論文の別刷りも40部用意され、ある範囲に送られたがその反響はなく、いわゆる「法則再発見」まで待つ必要があった。なお、再発見までの顚末《てんまつ》は、7章で改めて紹介する。また、キク科コウゾリナ属（*Hieracium*）植物種間での交配実験の短い論文は、1870年に同じく自然科学研究会紀要に発表されている[2-7]。これらについてのメーゲリとのやり取り、また、その後のメンデルの法則再発見への過程についても、7章で触れる。

8　修道院長メンデル

この直後、メンデルの身辺にはとても大きな変化がもたらされた。１８６７年にナップが亡くなったので、修道院長の後任が求められたのであるが、メンデルが選任されたのである（図２・11）。選任は修道士の選挙によって行われたが、３回目の投票で彼に決定した。なお、修道院長は終身職であり、交代時点では税金を払うという規則になっていた。そのため、候補者の年齢は重要な要因で、複数の候補者がいたがメンデルが適任と判断されたのである。また、修道院長はナップの時期からモラビアの宗教界で重要な役割をしていたが、それ以上に地方議会にも議席を持ち、また、地方の教育、地域振興などにも責任のある重要な職であり、世俗的にも顕職となっていた。このため、メンデルはこれ以降大変多忙な日々を過ごさねばならず、研究に割ける時間は著しく減っていった。

図 2·11　修道院長メンデル
（提供：メンデル博物館）

おりしも、１８６６年にはオーストリア

帝国で大きな変化があった。オーストリアはドイツ連邦でのヘゲモニーを争ってプロイセンと戦うこととなった。いわゆる普墺戦争である。オーストリアは、ビスマルクの主導のもと工業国としての進展著しく、兵器も近代化していたプロイセンに敗北した。ウィーンへ向けて進軍するプロイセン軍はブルノにも押し寄せ、修道院は兵士の宿舎となった。その後、プロイセンは普仏戦争にも勝ってドイツ帝国成立へ向かった[2-8]。その結果、オーストリアが神聖ローマ帝国以来ドイツ圏でふるってきた影響力は低下し、そのかわり東欧圏に目を向ける結果となり、新興のハンガリー王国の力を借りてオーストリア・ハンガリー二重帝国が成立することとなった。特徴的なのは、ハンガリー王国のみは自律的な王国としてオーストリア帝国に対峙したが、そのほかの諸邦はオーストリア帝国の中の国という位置付けであったことである。略称として、K. K.が使われるが、それは帝国（Kaiserlich）と王国（Königlich）の連合体を示しており、前者はオーストリアであり、後者はハンガリーである。複雑な政治体制ではあったが、その領土はきわめて広く、現在のオーストリア（上下オーストリア、ザルツブルク、チロル）、ハンガリー、チェコ、スロバキア、ブルガリア、ルーマニアの西部、ポーランド南部、ウクライナの一部（ガリチア）、旧ユーゴスラビア全域、イタリアの一部にまたがる、広大な国であった。その住民も、民族的にも文化的にもきわめて多様であり、多くの異なった言語が話されていた。その体制はアウスグライッヒ（Ausgleich）とよばれており、妥協策とも訳されるが、その意味はドイツ語の原義に近い一種の均衡策による国家と見るほうが正しいであろう。ハンガリー王国には大幅な自治が認められていたが、その他の国々はオーストリアの諸邦であり、総体としてオーストリアに属していた。そのオーストリアでは、憲法第一九条で法文上は属するすべての民族は平等であり、それぞれが話されている言語は尊重されていた。小学校で教えられる言語は住んでいる住民の民族の中での多数派に応じて決められたが、大きな単位と小さな単位ではどうしたらいいか、あるいは、役所での公用語の選択などで様々な問題を抱えていた。また、この時期ボヘミアのプラハ大学(カレル大学)では、ドイツ語学部とチェコ語学部が作られた。ちなみに、1910年の調査ではあるが、モラビアでは、チェコ系住民が71・56%であるのに対し、ドイツ系は27・62%であった[2-9]。

修道院長メンデルに降りかかった次の問題は、修道院への新規課税であった。メンデル自身はドイツ系の自由党支持を明確にしていたが、自由党が多数派をしめるオーストリア議会で決められた法案に皇帝がサインして発効した法律では、修道院に新たに課税されることとなり、それは1874年であった。この背景は、聖職者への支払額を増やすために教会関連施設に課税するというものであった。メンデルはこれに対して、施設の改修の必要性などを理由に徹底的に反対した。政府から妥協策も提出されたが、それにも完全拒否であり、孤立することとなった。結局、彼の死後、後継の修道院長は受諾するのであるが、その後にこの法律は廃止となった。それは1900年になってからであり、奇しくもメンデルの法則再発見の年であった。

図2·12　チェコ人民銀行
メンデルが頭取であった当時は不動産銀行であった。（撮影：長田）

図2·13　チェコ人民銀行のパネル
メンデルが頭取であったことが記されている。（撮影：長田）

修道院長になったことによる公務はきわめて多岐にわたり、大変多忙であり、修道院での通常業務の他に、モラビアの議会への出席、農業団体の代表者としての執務、地元の不動産銀行の頭取などがあった。銀行では単なる名誉職ではなく、副頭取を務めて後の頭取就任で、週一回は出勤して執務していたことが知られている（図2・12、図2・13）。これらの地位と権限は、ナップ院長からの職務を引き継いだものであった。今日メンデルといえばエンドウの交配実験で知られるが、すでにふれたメンデルブドウの他、リンゴ、ナシの品種改良も行い、ミツバチの交配実験も行ったが、それらは地域振興に貢献し、経済活動を支援するためであった。したがって、エンドウの実験は科学原理追究が目的であったが、他はより実用的な目的であったということができる。メンデルは、南アメリカ原産のフクシア（*Fuchsia*、アカバナ科）を愛し、修道院長自らのエンブレムとしたが、彼にちなんだ品種も地元の園芸家によって作られていることはこの一つの現れといえよう。

したがって、この期間は彼が熱烈に願った研究の遂行は著しく停滞することとなった。この状況は7章でふれるが、ネーゲリ（Carl Nägeli）との手紙のやり取りにも反映されている。しかし、それでも時間を見ては、コウゾリナ（*Hieracium*）の交配実験を継続しており、その一部は遺伝に関する二番目の論文として発表された[2-7]。そのような状況下でも、彼の科学への興味は薄れることなく、早くから行っていた気象予報も継続し、さらに、気象測定装置を設置している。これも農業生産に資するという目的はあったが、研究としても先駆的であり、専門的であった。さらに、同様な意図で、地下水の変動にも気を配るという活動をしている。また、太陽黒点の観測をしたことも知られている。たまたま、ブルノを襲った竜巻は、修道院を直撃したが、それに関する詳細な記録を取り、論文も発表している。さらに、その結果について、海洋気象学の権威であるオランダのボイス・パロット（C. Buyce Ballot）とも交信しているが、このボイス・パロットは、台風の進行方向の左右で風力に差異があることを明らかにした人である。メンデルの気象学の論文は実に9編に上る。

なお、修道院長の時代にも故郷のヒンツェーチェとはかかわりを持ち続けており、親類縁者もいた。故郷に消防署の建物を寄贈し、住民からも感謝され、贈呈の式のため故郷に赴いている。その建物は今日でもメンデルの寄贈になることを示したパネルとともに残っている。

そして、修道院への課税に対する抗争の中、腎臓炎などを患い、病床についていたが、1884年1月6日に、メンデルは62歳で亡くなった。直接の病名は心臓肥大と腎臓炎であった。多様な階層の人々に惜しまれた。また、宗教的には別なグループであるプロテスタントやユダヤ教という、カトリックの信者でない人々もメンデルの死を惜しんだことが知られている。しかしながら、科学者としてみなされていたわけではなかった。

9　本章のおわりに

メンデル伝、あるいはメンデルを遺伝学の祖として紹介した文献は多いが、遺伝法則の発見が、しばしば神格化された超人的能力に帰せられていることが多いことが気になることは、冒頭でも触れたとおりであり、それらをできるだけ正すべく努めた。その他に、メンデルの生きた時代は、様々な政治的・社会的変動があった時代でもあるので、その描写が必要であり、努めてその変化を盛り込んだ。その変化の中でメンデルがいかに活動したかは興味深い点である。その実像はなお調査の過程にあるが、その片鱗でも感じとっていただければと思う。

3章　メンデルの遺伝法則

国立ブルノ高等実科学校の現在。1865 年の２月８日と３月８日に、メンデルがこの建物で最初の遺伝法則の講演を行ったことを示すパネルが掲げられているが、現在はブルノ市の施設として使用されている。

メンデルの法則についての記述は、高等学校から中学校へ移ったものの教科書には必ず登場し、また、様々な解説・説明がある。それらの内容は、基本的に1866年に発表されたメンデルの論文「植物雑種の研究」[3-1]とそこから展開された議論をもととしている。その論文は現代的見地からしても必要な要点は含まれており、よく書かれていると思われるので、その内容について、他著ですでに書かれた内容をなぞるのではなく、新しい視点を盛り込むこととした。

法則については、今日に至るまで様々な解析がなされ、また、様々な角度から論じられてきたが、特に、行われた実験に関するデータの解析の議論は、今日に至るまでに何度も行われてきた。それらの中には、法則再発見に至るまでに、彼が実際に行った実験記録を記したノートなどが失われてしまったことがデータ解析の疑義に関する主要な要因であると思われることがある。彼がどのような意図のもとに研究を企てたかは、論文に書かれているので明瞭である。しかし、研究を遂行中の彼の思索、また、法則発見に至る過程における、彼自身による独白のようなものが欠けていることがその大きな原因と思われる。また、彼は日記のようなものをつけなかったともいわれている。それらについては、フィッシャー（Ronald Fisher）の批判とのかかわりに触れながら、章の終わりにおいてまとめて概観する。

1　エンドウによる実験

メンデルは、先行するケールロイター（Joseph G. Kölreuter）やゲルトナー（Carl F. Gärtner）などの研究を参照し、エンドウ（*Pisum sativum* L.）を材料として選んだ。エンドウは、中近東から西アジアを原産地とすると推定されているマメ科植物の作物であり、7000〜5000年前の新石器時代の遺跡から、オオムギ（*Hordeum vulgare*）、エンマーコムギ（*Triticum diccoides*）や一粒種コムギ（*Triticum monococcum*）などと一緒に出土するので、人類の食糧となった最も古い作物の部類に属し、タンパク質源として利用されてきた[3-2]。

そのため、栽培種は多くあり、メンデルは入手できた34種類の種子の中から、22種類を実験材料として選んだ。それらの品種について、ウィーンでの勉学から戻った1854年ころから、準備期間に2年間をかけて、それぞれの品種の形質が遺伝的に安定していることを確かめた。これで、自殖性のエンドウの場合、材料はほぼ純系になるわけで、実験の出発段階としては重要なステップである。なお、ケールロイターは、交配した第一世代は一方の親に似ていたが、第二世代では分離傾向があるという定性的表現をしているが、そこから法則が導かれるような段階には至っていない。また、ゲルトナーは大変多くの植物種間で交配実験を行っているので、それらの情報はメンデルにとって有用であり、実験遂行には大いに参考になったとメンデルの論文でも触れられている［3-1］。

交配実験を開始したのは1856年で、それから8年間にわたって、修道院のすぐ脇にある圃場と新たに設けられた温室とガラス室で実験が行われた。決して広くはない空間であったが、それを最大限に利用して行われた（図3・1、図3・2）。限定されたスペースにもかかわらず、扱われた個体数は数千であり、交配により得られた種子の数は数万を超えている。なお、自殖性（自家受粉で種子を形成する）のマメ科植物エンドウの花の構造は、竜骨弁で覆われているので、未熟な段階で竜骨弁を取り除き、葯をピンセットで除去し、他品種の花粉を柱頭にかけてやることにより受粉は成立し、交配を人為的に行わせることができ

図3·1　セント・トーマス修道院と温室
右下に見える屋根は、温室（図3·2）の一方の翼の屋根である。(提供：メンデル博物館)

る（図3・3、図3・4）。受粉後は紙袋で覆って、その後に他品種の花粉がつかないように配慮した。エンドウでは、受精して種子形成する率が大変高いが、このことが、メンデルの行った一連の実験の成功の前提条件であることはよく知られている。以上の点は、メンデルの論文にも明記されている。

教科書的表現を避けて、メンデルにより行われた実験を理解してもらうにはどのようにしたらよいか考えたが、時間軸に沿って説明するのがよいであろうという考えに達したので、以下にはそのように説明する。

1856年

選定した22種類のエンドウ種子から、7種類の形質に関する品種が選ばれたが、その基

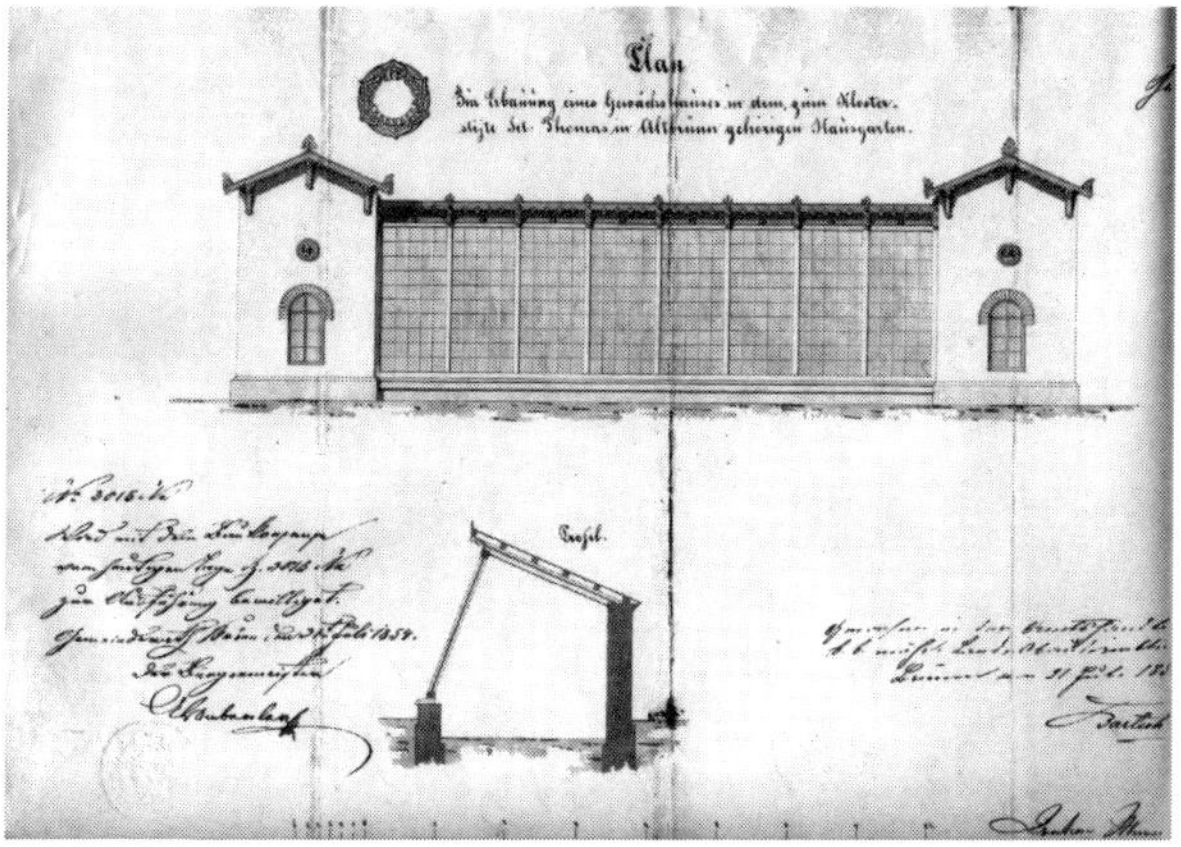

図3·2　温室設計図
（提供：メンデル博物館）

準は、顕著な形質の差異があるということである。それらは、次のとおりである。①種子が丸いか、シワシワであるか。②子葉が黄色であるか、緑色であるか。（なお、エンドウの場合、子葉は種子の中にとどまっているので、種子が黄色であるか、緑色であるかである。）③種皮が白色か、色がついているか。④さや（莢）がくびれているか、くびれていないか。⑤さやが緑色であるか、黄色であるか。⑥花序が腋性か、茎の先端につくか。⑦丈が高いか、矮性であるか。これらの形質について、5～15の植物体を選び、交配は、23回から58回行った。その結果、秋には各試みに

図 3·3　エンドウの花
花弁の中央に突き出しているのが翼弁で、竜骨弁はその中にある。（提供：photolibrary）

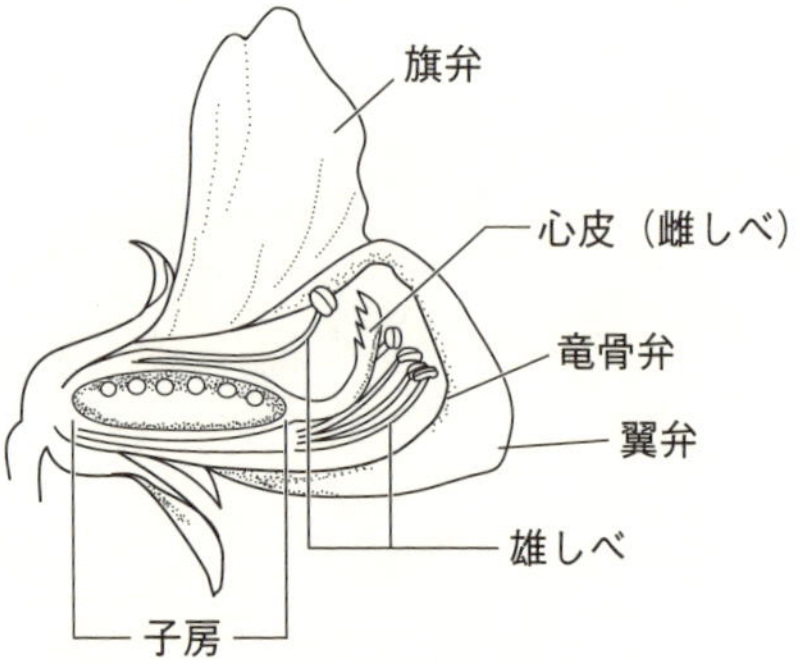

図 3·4　エンドウの花の構造
心皮（雌しべ）、雄しべ、子房を覆っているのが竜骨弁である。人工交配するときは、竜骨弁を除き、葯をすべて取り除いて、他品種の花粉をかけてやる。その後には、全体を紙袋で覆う。

ついて、2000個以上の種子を得ることができた。なお、交配の際、花粉と柱頭の組み合わせは、順逆双方で行っても、結果が変わらないことは予備実験によって確かめられている。この年は、もっぱら、①～⑦について、対立する形質を持つ2種類の間で交配し、その種子を得ることを行った。

1857年・雑種第一代（F_1）

前年得られた種子を播《ま》いて植物を育てたのであるが、①、②については、種子の段階で両親の表現型の一方のみが現れていると判定された。③～⑦では、播種し、植物体を育ててからでないと、表現型の判定はできなかったが、これらについても一方の表現型のみが現れたので、現れた表現型を優性とした。なお③の種皮は母植物の一部であるので、植物体を育ててからでないと判定できない。優性は二つの表現型のうち、①丸い種子、②黄色の子葉、③種皮に色がついているもの、④さやがくびれていないもの、⑤緑色のさや、⑥腋性花序、⑦丈の高いものであった。いずれの場合も、一方の表現型のみが現れて、もう一方は現れなかった。

メンデルは、現れた方の表現型を優性としAと表記し、現れない方の表現型を劣性としａと表記した。複数の表現型の組み合わせは、ＡＢ、ａｂとし、組み合わせが多重になる場合はＡａＢｂと表記した。

表3·1　雑種第二代の分離比

特徴	計	優性	劣性	比率
種子で判断				
① 種子の形状	7,324	5,474	1,850	2.961
② 種子の色	8,023	6,022	2,001	3.011
植物体レベルで判断				
③ 種皮の色	929	705	224	3.151
④ さやの形状	1,181	882	299	2.951
⑤ さやの色	580	428	152	2.821
⑥ 花序の位置	858	651	207	3.141
⑦ 草丈	1,064	787	277	2.841

①②は、種子レベルで、優性、劣性を判断し、③〜⑦は、植物体を育成してから、優性、劣性を判断した。比率は、優性／劣性を計算したものである。

1858年・雑種第二代（F_2）

この年は、もっぱらF_1で得られた種子からの植物体の育成を行い、その自殖の結果を追跡した。その結果は、表3・1に示されるように、種子の表現型に関する①②では7000～8000個体であるが、③～⑦植物体では550～1100個体が数えられた。春にそれらの種子を播き、圃場で行われたが、一部は鉢植えにして温室で行われた。修道院での義務を果たし、高等実科学校での授業をこなしながらであったので、メンデルは相当に多忙であったと推定される。さらに、それぞれについて、種子を収集し、記録をつけ、翌年の播種に備えた。その結果は、前年度は現れていなかった、劣性の表現型が現れてきた。優性と劣性の出現比率は3：1であった。数値の解析についての評価とそれらへのフィッシャー（Ronald

Fisher）の批判[3-3]およびそれをめぐる議論は、章の終わりでまとめて述べる[3-4]。

１８５９年・雑種第三代（F_3）

F_2で得られた種子を播種し、それぞれの植物を育成し、その表現型を調べた。まず、劣性を示す種子（ａ）から得られた植物はすべて劣性を示し、その表現型は固定されていた。一方、優性表現型を示す種子（Ａ）から得られた植物は、３分の１は優性でこの表現型は固定されていた。また、３分の2は、優性と劣性に分離したので、組成はＡａと判断された。グループ①と②に関しては、種子で判断できるが、グループ③、④、⑤、⑥、⑦では、植物体を育てる必要がある。優性の表現型（Ａ）の場合、１００本の植物体を育成し、それぞれから10個の種子を得てそれらを育てたので、これだけでも１０００本の植物体となるが、それらについて上記の判断がなされた。植物の管理作業は、前年とは比較にならないほど煩雑であったと推定される。その結果、次の三つの結論が出された。

（ア）優性表現型を示す場合（ＡａまたはＡＡ）の子孫の解析

優性表現型を示す植物（ＡａまたはＡＡ）からは、いずれも自殖により種子を得て、それらを育成し（Ａａ×ＡａまたはＡＡ×ＡＡ）、表現型の追跡を行った。表現型①②の場合については、六世代までその子孫の表現型の変化が解析された。表現型③④では第五世代まで、⑤⑥⑦では第四世代まで解析が行われた。その結果から、第n世代の場合、A：Aa：aが現れる比率は、2^n-1：2：2^n-1となると計算されたが、それは実測値をよく反映していると判断された（表3・2）。

表3·2　優性形質を示す子孫の分離比

A. 数で表したもの

世代	世代数	A	Aa	a
F_2	1	1	2	1
F_3	2	6	4	6
F_4	3	28	8	28
F_5	4	120	16	120
F_6	5	496	32	496

優性形質を示した植物(AAとAa)について、各世代にA、Aa、aがどのくらい出現するかの予測値であるが、メンデルの得た結果はほぼこれに近い数字であった。

B. 比率で表したもの

世代数	A	Aa	a
1	1	2	1
2	3	2	3
3	7	2	7
4	15	2	15
5	31	2	31
n	2^n-1	2	2^n-1

A表のAaを2とすると、AAおよびaaは、2^n-1と表記できる。

(イ) 複数の形質の場合

種子の形状で表現型が判断できる場合、すなわち、①種子が丸い(A)か、シワシワ(a)であるか、②子葉が黄色(B)であるか、緑色(b)であるかの場合では、この二つの形質に着目した場合、F_1の組成はＡａＢｂと表現できる。これを自殖したところ、次のような比率で種子が得られた。種子が丸く、黄色になるものは315個、シワシワで黄色となるものは101個、丸く、緑色のものは108個、シワシワで緑色となるものは32個であった。これについては、メンデルは数の比率は示していないが、後の研究者が、9：3：3：1と表現した組み合わせである。

これは、まさに(3：1)の分離比を示すものと(3：1)の分離比を示すものとを組み合わせた時に、それぞれの形質は相互に独立に発現し、それぞれは互いに影響しあわないことから、このような組み合わせになったと理解される。すなわち、いわゆる「独立の法則」であり、ウィーン大学時代にエッチングハウゼンの物理数学で習った組み合わせ理論の応用と理解できる。

さらに、③、④、⑤、⑥、⑦の形質の間でも複数の形質の組み合わせが行われているが、こちらは植物個体まで育成することが必要であるので、詳細なデータは明らかではないが、基本的に独立であると判断されている。

なお、調べる形質の数を増やした場合にも、その子孫の分離は見られており、その場合でも形質は独立に伝わることを示している。

表3·3　二遺伝子雑種AaBbを二重劣性のaabbで戻し交配した結果

配偶子	AB	Ab	aB	Ab
ab	AaBb	Aabb	aaBb	aabb
数	47	38	40	41

二遺伝子雑種AaBbを二重劣性のaabbと交配すると、もしもそれぞれの形質が独立に配偶子に入るのであれば、得られるAaBb、Aabb、AaaBb、Aabbは同数であるはずであるが、観測値はほぼ同数であることが、このデータによって確かめられた。

（ウ）戻し交配

上記（イ）のような結果が現れたということは、交配に際して、花粉細胞と卵細胞が合体されるわけであるから、花粉細胞、卵細胞の形成に際して、遺伝形質は均等に分配されるとメンデルは考えた。もしもそうであるなら、二つの形質に着目した交配による植物体（ＡａＢｂ）においては、両方とも劣性の表現型をもつ植物体（ａａｂｂ）と交配した際には、交配して得られた次世代においては、ＡＢ、Ａｂ、ａＢ、ａｂは、配偶子において均等に出現すると予測される。実際に、ＡａＢｂとａａｂｂを掛け合わせたものからは、ＡａＢｂ、Ａａｂｂ、ａａＢｂ、ａａｂｂが、47、38、40、41とほぼ均等に出現した。したがって、花粉細胞、卵細胞形成に際して、遺伝因子は均等に分配されていると判断された（表3・3）。

2　メンデルの法則の誕生

これらの結果が、他の人々に認識されるのは、1900年のメンデルの法則再発見以降であるが、コレンスにより「メンデルの法則」と名づけられた。これが遺伝学の基本法則となったが、メンデル自身はそれらの法則について具体的に述べているわけではない。いわゆる三法則については、1857年の結果からは、優劣の法則が導かれる。また、1858年の結果からは、分離の法則が示される。そして、前記（イ）から、独立の法則が導かれるのであるが、（ウ）は、具体的にどのような機構で独立の法則が成立するかについて、配偶子レベルでの説明を与えるものである［3-5］。

メンデルの法則は、現れた表現型で論議されており、その原因となるのは遺伝子型であるが、配偶子で遺伝因子が独立に挙動するということは、原因の遺伝子を想定していると考えられるわけで、彼はそれをエレメント（element）と呼んだ。そのエレメントは、後に、ヨハンセン（W. Johannsen）により、遺伝子（gene）と名づけられ、ベーテソンの唱えた遺伝学（genetics）の基礎となる［3-5］。また、表現型（phenotype）と遺伝子型（genotype）も命名された。以上のことを背景にすると、2章で述べたように、メンデルがウィーン大学で勉学中に習った、ドップラー、エッチングハウゼンの組み合わせ理論、レーデンバッハの分子説、さらには、ウンガーの細胞学説がその理論的背景にあると読み取ることができる［3-5］。

3　7個の遺伝形質

メンデルの調べた7個の遺伝形質は、その後のエンドウでの遺伝学研究により、それぞれの遺伝子に記号が付けられているので、以下にそれを挙げる［3-7］。①種子が丸であるか（*R*）、シワであるか（*r*）は対立する形質であり、丸（*R*）が優性である。続いて、②種子が黄色であるか（*I*）、緑色であるか（*i*）という形質については、黄色（*I*）が優性である。③種皮の色と、そこから発芽し、成長して形成された花が着色しているか（*A*）、種皮が白色で、形成される花の色も白色であるか（*a*）は、植物体の色素形成が関係しており、種皮に色がついている方（*A*）が優性である。④さやがくびれていないか（*V*）、くびれているか（*v*）については、くびれていない方（*V*）が優性である。⑤さやが緑色であるか（*Gp*）、あるいは無色であるか（*gp*）では、緑色（*Gp*）が優性である。この場合、遺伝子*P*と*p*との対応関係である可能性もある。⑥花芽がつくのが腋性であるか（*Fa*）、茎の先端につくか（*fa*）では、腋性（*Fa*）が優性である。なお、これについても、遺伝子*Fas*と*fas*とが対応する可能性もある。さらに、⑦草丈が高いか（*Le*）、低いかの形質（*le*）も対立形質であり、丈が高い方（*Le*）が優性である。

また、後の研究者により染色体の存在が明らかになると、エンドウの染色体は7本あることが示され、これらの7個の遺伝子は5個の染色体に乗っていることが示されている[3-6]。4個の遺伝子については、2個ずつが同一の染色体上に乗っていることが示されているので、これらについては、後にベーテソン（William Bateson）が発見した遺伝子の組換え（交差）[3-7]が、メンデルによって発見されていたとしてもおかしくはないという議論は以前からあった。

これについての最近の見方は次のようなものである。同一染色体上に乗っていて、組換えの可能性のあるのは、*R*-*Gp*と*Le*-*V*であるが、前者については具体的な議論が進められている。メンデルが調べた*R*-*Gp*に相当すると考えられる組み合わせについては、イギリスのジョン・インネス研究所で実験がなされた。*Gp*と*R*に相当するジョン・インネス研究所の保有株JI15とJI399で交配が行われたが、その組換え価は36％であった。F_2で観測された分離比は9.6：2.42：2.4：1であり、9：3：3：1ではなかった。メンデル自身は、*RRGpGp*と*rrgpgp*の組み合わせの結果については述べていないが、実験は行われたと推定できる。

彼が行ったと想定される実験規模（100個）では、統計的に有意な組換え価は得られなかったのであろうと推定される。また、*R*-*Gp*は、連鎖群*V*に属し、染色体では3番に乗っているが、ここでの組換えの起こる率は、現代の実験においても、やや低いということが判明しているので、メンデルの実験結果に反映していてもおかしくはない。これについては、この章の最後に触れるフィッシャーによるメンデルのデータ修飾説のような、都合の悪いデータは伏せたという論もあるが、決してそうではなく、メンデルは予測に反するデータも示していることから、連鎖群 V に関しては、同一染色体上に乗っていた2つの遺伝形質の組換えは、メンデルの実験結果では検出できなかったという理解が妥当であろう [3-6]。

4　7個の遺伝形質を担う遺伝子

その後、分子遺伝学、分子生物学の隆盛があり、ゲノムプロジェクトの進展により植物においても遺伝子の情報が蓄積され、それらをもととして、メンデルが同定した7個の遺伝形質についても、その遺伝子がどのようなものであるかについての研究が進展している。これまでのところ、そのうち4個の遺伝子については、ゲノム的に同定されているので、以下にそれらの概観を行う。また、残りの3個の遺伝子についても、どのような性質の遺伝子であるかはある程度の推定がなされているので、それらについても言及する [3-6]。

種子の形状

第一番目の形質は、野生型では種子が球形（RR）であるが、変異型ではシワ（rr）であり、球形が優性である。変異型（rr）では、種子が成熟するに従いシワシワになることが特徴であり、いくぶん甘みが強いことがこの品種の性質である。研究の初期より糖代謝に関係していると思われてきたが、実際、野生型の遺伝子 R は、デンプン分岐酵素アイソザイム（SBEI：Starch-branching Enzyme Isozyme）の一つであると同定された[3-8]。遺伝子の同定は、野生型でも変異型でも免疫学的に類似のタンパク質があることから、既知のSBEIの抗体を用いて、cDNAライブラリーをスクリーニングしたところ、エンドウでも $SBEI$ 遺伝子を探り当てることができた。さらに、そこからゲノムDNAに到達することができた。R と r の遺伝子の差異を探ったところ、r には遺伝子中にトランスポゾンが挿入されており、このため遺伝子機能が欠損していることが判明している[3-8]。なお、このトランスポゾンは、マクリントック（Barbara McClintock）により発見されたトウモロコシのAc／Ds様のものであった。Acは自律的に移動できるが、Dsは移動できないということが、トウモロコシではよく調べられている。エンドウのこのトランスポゾンではこれまでのところ、その点は明らかにはされていない。

この酵素の変異体ではアミロースからアミロペクチンへの転換比率が大きく低下しているほか、デンプンの含量が異なるなど、糖代謝に大きな変化があった。また、変異体ではショ糖の量が多く、浸透圧も高くなっていたが、これが甘みの強いことに関係している。水分量も多く、細胞のサイズも大きかった。ところが、種子が成熟すると、その細胞体積が失われるものの、種皮は収縮しないので、結果的に種子がシワシワになったのであった。この品種は、ショ糖含量がやや多いため甘みが増しており、そのためヨーロッパに導入され、メンデルもこの品種を利用することができたのである。今日、関連の変異は複数知られているが、メンデルが当時利用できたものはこの種類のみであったと推定されている。

種皮の色

種皮の色は野生株（*AA*）では着色しているが、対立遺伝子 *a* をホモでもつ変異株（*aa*）では色がついておらず、植物体が成長しても植物色素アントシアンの合成が損なわれているので、花弁は無色である。アントシアンは、側鎖につく水酸基の位置と数、糖鎖の種類で色の変化（赤、青、紫など）がもたらされる。さらに、アントシアンは液胞中にあるので、液胞のpHの状態によっても色調の変化がもたらされる。エンドウの遺伝子 *A* は、マメ科植物のモデル植物として遺伝子解析の進んでいる野生のアルファルファ（*Medicago truncatula*）のアントシアン合成酵素の変異株との対比で同定された。両者の遺伝子の対比により変異の候補として挙げられたのは、転写因子塩基性ヘリックス・ループ・ヘリックス（bHLH）の遺伝子領域であり、その領域には生合成関連の遺伝子はなかった。この *bHLH* 遺伝子は、シロイヌナズナで同定されていた遺伝子 *TT8* とよく似ていることから、遺伝子 *TT8* をプローブとしてそのエンドウのホモローグが単離された[3-9]。さらに、遺伝子上のどの部位に変異があるかは、1塩基置換を追跡する遺伝子変異の解析（SNP解析）によって明らかにされた。変異体ではスプライシングが正常に機能せず、生産されるタンパク質に変異が生じてアントシアンが合成されず、色素形成に至らないことが確かめられた。

子葉の色

野生型 II では子葉の色が黄色であるが、その変異型 ii では緑色である。エンドウでは子葉は種子中に留まって展開しないので、野生型の種子が黄色であるが、変異型では緑色となり、変異型が劣性である。それらの植物は成育して植物体となり、老化しても緑色が残っている。なお、植物体の緑色は葉緑体のクロロフィルに起因し、成長が盛んであると緑色である。この植物体に緑色を与えるクロロフィルは合成と分解を行っているので、変異体が緑色であるということは、クロロフィルの分解系の変異が原因であろうと推測されていた。

ところで、クロロフィル分解系の変異個所としては、フェオフォルバイド a が、フェオフォルバイド a オキシゲナーゼ（PAO）により分解型へ変化する場合、あるいは、クロロフィル b が、クロロフィル b レダクターゼ（CBR）により分解型になる場合などが考えられる。また、フェオフィチンフェオフォルバイドヒドロラーゼ（PPH）なども候補となりうる。さらに、葉緑体の集光タンパク質複合体Ⅱの分解にかかわるステイグリーン変異（SGR）も、その候補である。これらの変異は、他種の植物での光合成研究とのかかわりで研究が行われているが、エンドウの変異型（$i\,i$）は、イネで研究がすすめられているステイグリーン変異SGRの解明がヒントになってその変異機構解明がすすめられた。

その結果、エンドウの変異はSGR遺伝子の変異であることが判明したが、その変異の場所はSGRタンパク質上に求められた。最初見いだされた変異は、タンパク質上の葉緑体移行シグナルの変異であったが、これは緑色変異には直接かかわりはなく、別な個所でのアミノ酸の変異が原因であると同定された。この分解プロセスを統合する変異がSGRであり、変異株ではクロロフィル量は多いにもかかわらず、光合成活性は低下している。また、二酸化炭素固定にかかわるリブロースビスリン酸カルボキシラーゼのタンパク質量はそれほど低下してはいなかった。エンドウの子葉が緑色となる変異体も同一であり、解析の結果は、ステイグリーン変異は、老化過程でクロロフィル分解酵素群を翻訳過程あるいは翻訳後に制御することにより、クロロフィル分解の活性化に抑制的に作用しているので、緑色にとどまると推定された［3-10］。

植物の草丈

エンドウの草丈は、野生株（$Le\,Le$）では2メートルに達するが、変異株（$le\,le$）では30センチと顕著な差があり、両者は対立遺伝子の関係にある。*Le*が優性であり、成長の差は節間成長によってもたらされている[3-1]。変異株（*le le*）に、ジベレリン（GA_3）を与えると、草丈が野生株に近くなるので、ジベレリン制御系にかかわる変異のうち、生合成にかかわる変異であることが早くから推定されていた。すなわち、ジベレリン作用の受容体などの変異ではないということである。実際に$GA_{20}3\beta$ヒドロキシラーゼの構造遺伝子であると同定され、単離されたが、シロイヌナズナの$GA_{20}3\beta$ヒドロキシラーゼの遺伝子をプローブに、エンドウの遺伝子ライブラリーから緩い条件でのハイブリダイセーションで遺伝子を単離したものである。その遺伝子は染色体3番に乗っており、変異株では229番目のアミノ酸がアラニンからスレオニンへ転換していることがわかったが、この変異により、酵素活性は野生株の5%にまで低下している。この酵素により非活性型のジベレリンGA_{20}は、活性型のGA_1へ転換するのである。

なお、ジベレリンは、基本骨格としてギバン骨格を持っているが、ギバン骨格を持っている分子が、すべてジベレリン活性を有するものではない。丈の短いエンドウにはジベレリンGA_{20}があるが、これは不活性型のジベレリンであるため草丈の伸長に至らない。野生株では、$GA_{20}3\beta$ヒドロキシラーゼによりGA_{20}が活性型のGA_1に転換することで、草丈が高くなることが示されている[3-11]。

それ以外の遺伝子 [3-7]

さやのくびれ：　さやにくびれがないもの（VV）は、リグニン層の形成によることが知られており、形成がないもの（vv）はスナックエンドウなどである。これらを担う遺伝子がどれであるかはまだ決められていないが、二つの可能性があり、VVかPPである。

さやの色：　この変異はさやが緑色か（Gp）色がついていないか（gp）であるが、子葉の場合の変異$i\,i$と異なり、葉緑体のクロロフィル合成系の変異である。類似の変異はアルファルファ、シロイヌナズナ$LCP1$で知られているが、詳細はまだ不明である。

花芽の位置：　花芽が腋性で成長点がやや肥大しているFas変異が、シロイヌナズナで知られている、外部からの情報伝達にかかわるCLV（*Clavata*）1に関連していると推定されている。この変異はエンドウでも知られており、地上部の変異の他に、窒素固定の活性が低い変異が見られている。詳細はまだ不明である。

5　メンデル－フィッシャー論争

生物統計学の祖フィッシャー（Ronald Fisher）は、1936年に、メンデルが1866年に発表した論文について、その成立過程を含めての考察を行った。そのタイトルは「メンデルの研究は果たして再発見されたのか？」というものであり、そこで彼は、メンデルのデータをカイ（χ）二乗テストにかけた結果、あまりにもデータが整いすぎているのではないかという疑問を発した[3-3]。あらかじめ結論がわかっていたので、そのためにデータを操作したのではないか、その作業をしたのは、彼の仕事を手伝っていた助手ではないかと述べた。ただし、フィッシャーはこれにより、メンデルの発見が覆ることを意図したのではなく、彼はメンデルを大変尊敬していたことが知られているので、むしろ数理統計上での純粋な疑問の提示であろう。その中では、ベーテソンが述べていた、ダーウィンの説に影響されてメンデルの説の理解が遅れたという主張には、むしろ反論している。

この議論はその後検討されることなく時間が経過したものの、1965年のメンデルの法則発見100年の記念の会前後から人々の関心に上り、フィッシャーを支持するもの、また、それに対して反論をするもの、中間的な立場の論が登場し、その論文数は50を超えている。

しかし、2008年になって、「メンデル–フィッシャー論争の終焉」[3-4]というモノグラフが出て、これらの議論の根拠の再吟味と統括がなされた。その結果は、編者であり、議論の推進役であったフランクリン（Allan Franklin）により、次のようにまとめられた。

① メンデルがデータを操作したということは根拠がなく、彼は、少数例では予測値に外れるが、数が多くなると予測値に近くなるデータも出しており、都合の悪いデータを隠すようなこと

は行っていない。ただし、すべてのデータが提出されているわけではないことも事実であり、論文は講演内容をもととするので、聴衆の理解しやすいと判断したようなデータのみを示しているかもしれない。②フィッシャーによる、メンデルの結果からは分離比は1.7：1となり、2：1ではないのではないかという論点については、メンデルのデータからは支持されないと判断された。ただし、交配実験でF_3に関しては10種を選んだと述べているが、実際はもっと多かった可能性がある。③フィッシャーが述べた、メンデルのデータは整いすぎているという主張は間違いではなかったことも事実である。また、④フィッシャーは、彼の論によりメンデルの業績が貶《おとし》められているという誤解は心外だと思っており、彼はメンデルの業績を一貫して大変尊敬していたことが明らかになっている。

なお、フランクリンによりまとめられたモノグラフ［3-4］には、メンデルの論文、フィッシャーの論文を採録している他、議論に関係している主要な論文とそれぞれの著者の論文が収められているが、ここでは、フランクリンの結論のみを述べることにして、個々の論議の詳細には立ち入らない。なお、この論議に興味ある方は原著を参照されたい。

ただ、この論争の一部の言説を取り上げて、「あの遺伝法則の発見者であるメンデルすらデータの操作を行っていた」とする、多くが二次三次情報に基づく通説が独り歩きして、STAP細胞事件の際も言及され、また通俗的な科学概説書にも登場している。実際は上にあげたように、決してそうではなく、批判するためには原論文を参照すべきであるということを、改めてここで指摘したい。そのためにもモノグラフ［3-4］は貴重である。

これらの論議が発生することは、メンデルにより１８６５年に発表された説が時代に先行したことに起因している。7章で触れるように、再発見は発表の34～35年後に行われた。１８８４年に亡くなった時も、アウグスチヌス派セント・トーマス修道院の院長として亡くなったのであり、学説の提唱者としてではない。このため、メンデルの残した修道院長としての公式な書類は残されたが、実験に関するメモやそのほかの書類は、１９０４年にベーテソンがブルノを訪れた時には、ほとんど失われていたことが知られている。また、１９１１年にメンデルの自筆の論文原稿がイルティス（Hugo Iltis）によって奇跡的状況で発見されたが、それは処分予定の書類の束の下にあった［3-12］。そのため、実験の生データのようなものもほとんど処分されており、メンデルが実験遂行過程で、どのような見解をもっていたかも明らかにはなっていない。なお、メンデルが銀行勤務に際して、記録簿などを大変正確に記載していたことは知られており、これもメンデルの記載が信頼できるという傍証とされている。また、メンデルは日記をつけていなかったと推定されていることも、彼の思考をたどることに困難をもたらしている。また、メンデルが言ったという「やがて自分の時代が来る」という発言も伝聞として伝わっているが、「やがて」に用いられている副詞が noch と schon という2種類が伝えられており、メンデルの真意はわかりにくい。ドイツ語で、schon とはほとんど確信になるからである（Meine Zeit wird noch kommen）。エピソードについては興味があるが、なかなか真実は見えてこない。

6　本章のおわりに

メンデルと言うとき、教科書に登場するのは、エンドウの実験により「優劣の法則、分離の法則、独立の法則」を導いた人であるということである。これは、後の研究者が、メンデルの行った実験を解釈して法則化したものであり、実験過程の重要性には触れられないことが多い。そこで、ここでは実験がどのように行われ、どのような過程を経てデータを得たかを追跡することに努めた。彼はまず、自殖性のため、人工交配によっても種子を形成する確率の大変高いエンドウを材料として選んだ。次いで、材料の純系化に努め、その特定の形質に着目し、それぞれの形質の品種間で交配し、その子孫の解析を丹念に行って、その結果を克明に記録し、遺伝形質の伝達を数理的に解析したのである。7章でも述べるように、染色体を知らずに、もっぱら形質の分離比の数理的解析から、法則の存在を示したものである。このことから、後に生物統計学の祖であるフィッシャーからはデータの修飾の可能性を指摘されるのであるが、本文でも述べたように、修道院長メンデルが亡くなった時、彼の行った研究に関する実験ノートやデータの類はほとんど処分されてしまっていたことにより、そのような疑問を持たれるようになったのであろうと推定される。

そして、メンデルが着目したエンドウの7種の遺伝形質のうち、最近になってその4種の遺伝子が同定された。このことからわかるように、彼の研究は今日につながっている。

４章　メンデルの子孫

1　はじめに

メンデルの育った環境と、修道士として務めたセント・トーマス修道院での出来事と、エンドウの交配実験から遺伝法則が導き出されたことは前章までに述べた。しかし、メンデルの係累がどのような状況であり、特にその子孫がいかに過ごしているかは、これまでほとんど紹介されていないのではと思う。また、メンデルをめぐる社会文化的環境は、時代とともに大きく変化していることもなかなかわかりにくいし、それらも紹介されている点は少ないと思う。そこには、価値体系の大きな変化があり、例えば、メンデルがどこの国の人かという設問に、現代のチェコ共和国の人は、躊躇することなく「チェコ」と答えるであろうが、少し歴史を遡ると、それほど明瞭ではないことに気づく。そこで、この章では「メンデルの子孫」について述べようと思うのであるが、その発端は、1部のパンフレットと1冊の本である。

私は遺伝学の創始者メンデルの故地ブルノを三度訪問しているが、1999年に最初にブルノを訪問し、メンデル博物館（Mendelianum）を訪ねたとき、当時の館長マタロバ（Anna Matalova）博士はそこでいくつかの資料を下さったが、その資料の中にドイツ語で書かれたパンフレットがあった。そこにはブルノの誇る4人の科学者が挙げられており、第一番目は、もちろんメンデルであるが、その他は、マッハ（Ernst Mach、1838—1916）、ゲーデル（Kurt

Gödel、1906—1978)、プルキニエ（Jan Purkinje、1787—1869）であった。その時、ある種の違和感がよぎったが、最初はかなり漠然としたものであった。これらの名前のうち、チェコ系の響きのある姓はプルキニエのみで、他はすべてドイツ系の響きではないかという点が印象に残った程度であった。

コラム　ブルノ出身の科学の偉人たち

プルキニエ：生理学では、小脳の視覚に関するプルキニエ細胞を発見したことで、その細胞に名前を残しているが、その他、ミクロトームや組織染色法の開発でも著名な実験生理学者である。ブレスラウ大学（現在はポーランドのヴロクラフ大学）、プラハ大学教授を歴任した。そこでの教授就任に当たって、最初のブレスラウでは、ドイツ系でないことでやや困難があったが、研究の卓越性でそれらは吹き飛ばされたということである。また、その門下には植物生理学の創始者の一人ザックス（Julius von Sachs）もいるが、彼は、最初プルキニエ家に住み込んでおり、大きな影響を受けたことが知られている。なお、プルキニエはチェコの愛国者としても知られている[4-1]。

ゲーデル：18歳でウィーン大学へ勉学のため向かって以降、父の葬儀に帰った時を除いて、その後、生地ブルノは一度も訪れていないということであるが、祖父の代に工業都市ブルノへドイツから移住してきた一家である。ウィーン大学で「完全性定理」を発表して学位を取得し、続いて「不完全性定理」を発表し、論理数理学の上ではアリストテレス以来という評価がある。というのも、千年にわたり人々が気付かなかった論理学の綻びを発見したのであり、よく言われているセリフでは、コンピューター理論もその上に成立しているということである。後に、アメリカへわたり、プリンストン大学高級研究所では、アインシュタイン（Albert Einstein）をして「ゲーデルとの散歩が至上の楽しみである」といわしめた人でもある。一時は神の存在を証明したという主張もしている、かなりユニークな人である。

マッハ：音速にその名を残しているが、19世紀半ばまでの、ニュートン力学にすべての物理現象の根拠をおいた考えに疑問をもち、時間と空間をア・プリオリに絶対的前提として考察することを否定し、独自の考えを進めたので、アインシュタインの相対論の出現に大きく貢献しているといわれている。さらに、フッサールを通じて実存哲学の基礎にある現象学の成立にもかかわっており、ハイデッガーにもつながっているとは最近知ったが、このことは、哲学領域でもそれほど知られていないようである［4-2］。さらに、ゲシュタルト心理学の展開にも影響を与えている。

そのうちに、ゲーデルのように18歳でブルノを去って、父の死後は一度も戻ったことのない人を讃えるというのはどういうことであるのかという感想が、違和感の根底にあることがだんだんとはっきりしてきた。やがて、そのことの理解のためには、チェコの歴史的背景を知ることが必要であることに気付き、また、実際に調べてみると、様々に屈折していることを知って、ある程度納得できるようになった。昨今話題になっている「歴史認識」が、現状理解の大きな助けとなる例ではないかとも思う。それらを踏まえると、メンデルの背景と彼の生きた環境、さらにそこから遺伝学の創始へ向かった彼をより良く理解できるようになるであろうと思うに至った。

そんな矢先に、そのことの理解を助けてくれるような本に出会った。エッカート（Silvia Eckert-Wagner）夫人の著書『メンデルとその子孫（Mendel und seine Erbe）』[4-3]である。その内容はこれまで邦文ではほとんど紹介されたことがないものであり、また、上記チェコの歴史的理解をより明確にさせてくれるようなものであると思い、ぜひともその内容を紹介したいと思うようになった。その上で、民族とか国家を超越した立場から、メンデルと、彼が発見することになった新しい学問領域の考えとその背景を理解することができるという考えに達した。

2　メンデルの民族的アイデンティティ

2章で述べたように、メンデルは、オーストリア・シレジアのハインツェンドルフ(Heinzendorf、現在ではヒンツェーチェ Hynčice）の貧しい農家の出で、苦労してギムナジウム、哲学学校へ行き、そこで推薦を受けてブルノのアウグスチヌス派セント・トーマス修道院において修道士となり、後に修道院長になった。なお、この章では過去にフォーカスするので、旧名を先にし、現代

図4·1　ズデーテンランド（グレーの部分）
ズデーテンランドは、チェコ共和国の周辺部に位置し、その名前はオーストリア・シレジア（今日ではチェコ・シレジア）の山地の名前に由来する。そこにはドイツ系住民が多く住んでいた。

名をそれに添える。このシレジアは歴史的に複雑な経過をたどっており、オーストリア、ポーランドとドイツがこの付近で国境を接し、時代と共に国境線が移動した地域である。かつてドイツ語で表記されていた地名が、現在ではすべてチェコ語になっているというのもその一つの現れである。また、この地域はズデーテンランド（図4・1）であり、これが民族問題に関わっていることも良く知られている。

　メンデルがドイツ語を母語としていたことは事実であり、修道士に採用されたときは、チェコ語も習わなければならなかった。ハプスブルク帝国は基本的にドイツ系が中心で、メンデルが教員試験を受けに行ったオーストリア帝国の首都ウィーンではドイツ語が主要言語であり、ウィーン大学で勉学した折もドイツ語で学び、ドイツ文献を中心にして研究を進めた。また、彼の書いた論文（遺伝学2報、気象学9報）もドイツ語であるということは、少なくとも精神的にはドイツ系といってよいであろう。ただし、メンデルが修道院長になったときは、2章でも述べたようにオーストリア・ハンガリー二重帝国が成立しており、そこでは、憲法19条で民族の独自性をある程度尊重していたので、ドイツ語以外も認められるようになっていた。多民族国家を支えるためであり、アウスグライッヒ（Ausgleich）体制とよばれ、一種の均衡政策である［4-4］。たとえば、この時、プラハ大学にはドイツ語学部の他にチェコ語学部がつくられた。先に述べたアインシュタインは、短期間ではあるが最初に正教授になったのは、このプラハ大学（カレル大学）ドイツ語理学部であり、１９１０年のことであった。

したがってメンデルは、ドイツ系ではあるがチェコ語を習うというように、民族的問題には寛容であり、多様性を尊重していた。また、宗教家であり、しかもカトリックの修道院長という高位聖職者でありながら、自然科学を深く理解しているというように、宗教と科学とを共存させていた。その彼が、新しい生物学原理を発見したのに、人々はその意義に35年も気づかなかったということもできる。

3　メンデルの係累の子孫とその周辺

上に挙げたエッカート夫人がこの本［4-3］を書いた動機と、そこで述べられているメンデルの係累の追跡から、民族と国家と科学についてたどってみることとする。まず、メンデルはカトリックの修道士であるから子供はいないはずであるが、ある信頼できる情報によると1人いたということである。しかし、それはここでは追跡しない。メンデルの姉ヴェロニカ（Veronica）と妹テレジア（Theresia）とその一族の跡をたどってみる（図4・2）。苦学生のメンデルの哲学学校での勉学のために、テレジアが嫁入りの支度金を提供したことは2章に述べたとおりであるが、テレジアの子供に当たるシンドラー三兄弟はメンデルのサポートで学業を続けることができた。とりわけ、その次男アロイス（Alois Schindler）は、ウィーン大学医学部を出て医者になり、メンデルの最期をみとった。一方、姉のヴェロニカの嫁したステュルム（Sturm）家は、傷病で働けなくなったメンデルの父アントンの住居と農園とを買い取り、その子供は近くのオルデルト（Ordelt）家に嫁した。オルデルト家は、ハインツェンドルフにあって豊かな農家を経営し、その子孫にあたるのがエッカート夫人であり、父親エッカート（Eckert）はトロッパウ（Troppau、現在はオパヴァ

図4·2　メンデルの姉ヴェロニカと妹テレジア
左はメンデルの妹テレジア（Theresia）であり、右は姉のヴェロニカ（Veronica）。（文献2-2より）

Opava）で健康保険組合の公務員として働いていた。トロッパウは、ハインツェンドルフの北東へ50 km余であり、その地方の中心都市である。メンデルの学んだギムナジウムもそこにあり、ポーランド国境に接している［4-5］。

さて、そのエッカート夫人は、第二次世界大戦後にドイツ バイエルン州に生まれ、ワグナー（Wagner）と結婚した。チェコから逃れてきた祖母、父母らと新しい土地で育ち、故郷とはまったく切り離されて、避難民として過ごした。そして、教師として勤め、退職後父祖の歴史を調べ始めた。ここで、第一次世界大戦後のチェコスロバキア共和国と、その後のズデーテンランドのことを述べなければならない。チェコスロバキアの初代大統領マサリク（T. G. Masaryk）は、当初からドイツ系住民はチェコへ植民者として入って来たと述べているが、そこに住んで400年もの歴史があるドイツ系住民の場合には、少し過酷だったと思われる。メンデルの祖先が16世紀に南西ドイツ シュバーベンからドイツ農民戦争を避けるためにオーストリア・シレジアへ来たことは2章で述べた。一方、第一次大戦に敗戦して、膨大な賠償金を抱えたドイツ・ワイマール共和国は、ヒットラーに率いられたナチス党に政権をゆだねることになった。ヒットラーは、オーストリア併合の後に、ドイツ系住民の多いズデーテンランドへ軍事侵入を果たした。ミュンヘン会談の宥和的姿勢がそれを阻止できなかったことから、ズデーテンランドのドイツへの帰属は既成事実となり、チェコスロバキアはドイツの傘下に入り、やがて第二次世界大戦へと突入した。この間に、チェコスロバキアにあったドイツ系統治組織は、チェコ民衆に過酷な対応を行ったことが伝わっている。

そして、第二次世界大戦が枢軸国側の敗退に終わると、チェコスロバキアはズデーテンランドのドイツ系住民、およびチェコに在留していたドイツ系住民をすべて国外に追放したのであり、これはポツダム会談でも認められていた。これにより、イギリスにいた亡命政府の首班ベネシュ(Edvand Beneš)は、1946年にドイツ系住民の追放を宣言した。この時、ヴェロニカ、テレジアらに由来するメンデルの係累(シンドラー家、オルデルト家、エッカート家)はチェコ・シレジアに住んでいたが、彼らもすべてドイツへ追放となったのである。この時、ソ連の赤軍は北から迫ってきており、軍属はソ連に抑留された。その際、様々な残虐な出来事が起こり、その間の犠牲者は数万人から数十万人ともいわれるが、正確な数はわかっていないということである。上記、エッカート家の人々も、家族がバラバラになったり、チェコ系住民に捕囚状態になったり、苦難を経て、数か月後に命からがらバイエルン州へ到達したということであり、そこで起こった出来事が述べられている。この時、旧ユーゴスラビアの解体後によく聞いたセリフである他民族を排除する「民族浄化」は、政府指導者により唱えられて、比較的若い世代の者はそれに従ったが、年配の人はそうでもなかったということである。

第二次世界大戦後、社会主義圏に入ったチェコスロバキアへは、西側住民は容易に近づけない時代が続いた。しかし、社会主義圏の諸種の矛盾が顕在化し、1989年にベルリンの壁が壊され、東欧圏の民主化が進行した。その時、最初チェコスロバキアが成立したが、チェコとスロバキアはいくぶん民族的背景が異なることから、独立した共和国となった。やがて、西側の旧チェコ住民もビザなしでチェコ・シレジアにも入れるようになったことで、エッカート夫人らも、彼らの両親や祖父母が追われた旧故郷の見学が可能になった。なお、このような歴史的ヒステリシスを乗り越えた新旧住民の交流も始まっているようである。例えば、ヒンツェーチェのメンデルの生家はメンデル博物館となっているが、ブルノのメンデル博物館と連携している。それを支えるのは、メンデル博物館と、チェコ・シレジアの住民と交流が持てるようになったクーレントヒェンの旧住民らによって組織された「メンデル生家財団」であり、2002年に発足したということである［4-3］。

このような歴史的変動を考えると、メンデルの、そしてその前任のナップ（Cyryl F. Napp）の示した、寛容な、多様性を認める姿勢が重要であると思うが、かつての不幸な歴史を乗り越えつつある姿勢は尊重されるべきであろう。また、メンデルは遺伝学者であるだけでなく、宗教家としても、文化的背景、民族にも寛容であったことを改めて学ぶ必要があろうと思う。

2章でふれたメンデルの故地ハインツェンドルフ（ヒンツェーチェ）は、クーレントヒェン（Kuhländchen）と呼ばれていたが、そこの住民で第二次大戦後に追放されたドイツ系の人々は、戻って住むことのできないかつての故郷に強い愛着をもっており、かつての故郷を著わし、映した多くの書籍を刊行している。それらの旧住民はドイツで結束して、組織的活動をしているが、そのメンバーは3700人を数えるということである。隔月には機関紙『懐かしの故郷クーレントヒェン（Alte Heimat Kuhländchen）』も刊行しており、その故郷を偲ぶ思いは大変強いという印象である。引用している『メンデルの子孫』[4-3]もその一つといえよう。

4 メンデル論文の原稿の運命

運命に翻弄されたのは人だけではない。メンデルの1866年の論文のメンデルによる自筆原稿は、1911年にイルティス（Hugo Iltis）により発見されたが、このかかわりで、一旦行方不明になったこの原稿が、やはりメンデルの係累にあたるクレメンス・リヒター（Clemens Richter）師によって所有されていた時期があり、しかも彼はメンデルと同じアウグスチヌス派の修道士であることは、改めて紹介する必要があろう。彼もヴェロニカにつながるメンデルの係累であり、1946年にチェコ・シレジアを追われ、アウグスチヌス派修道会の援助のもと、ウィーン大学、ローマ大学、ビュルツブルク大学（ドイツ）で勉強し、修道士となった。なお、メンデルの自筆原稿がイルティスにより発見されたことは、イルティスのメンデル伝に紹介されている〔4-6〕。

メンデルの法則が再発見された後、イギリスでのメンデル研究家にして、遺伝学（Genetics）の名づけ親ベーテソン（William Bateson）は、遺伝法則再発見後の1904年にブルノを訪れた。そこで、メンデルの遺品を探したが、めぼしいものはほとんど残っておらず、書類はほとんど焼却されてしまったことを知った。その後、マトーセク（A. Matoušek）は、生涯をかけてメンデルの遺品である顕微鏡、写真類を探し出した（図4・3）。また、メンデルの作製したプレパラートも収集した（図4・4）。そして、1911年になってイルティスは、焼却される運命に

図4·3　メンデルの用いた顕微鏡
1999年に訪問した時、当時のメンデル博物館長マタロバ（Anna Matalova）博士によって示された顕微鏡。（撮影：長田）

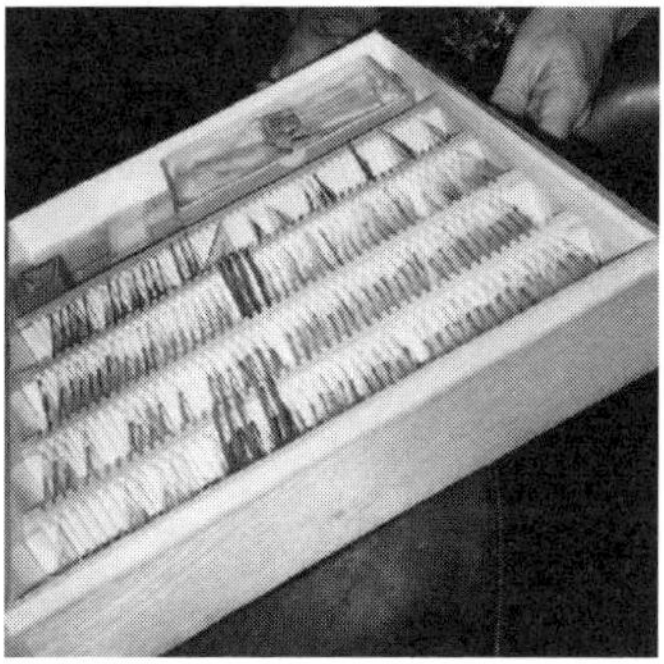

図4·4　メンデルの作製した顕微鏡標本
（撮影：長田）

あった書類箱の底にメンデルの自筆の原稿をほとんど奇跡的な状況で発見した。編集者ニッスル（G. v. Niessl）の筆になる「別刷を40部」という鉛筆の書き入れが左上にある（図4・5）。その原稿はコピーが作られたのち、原本はブルノのドイツ銀行の金庫に保管されていた。ところが、

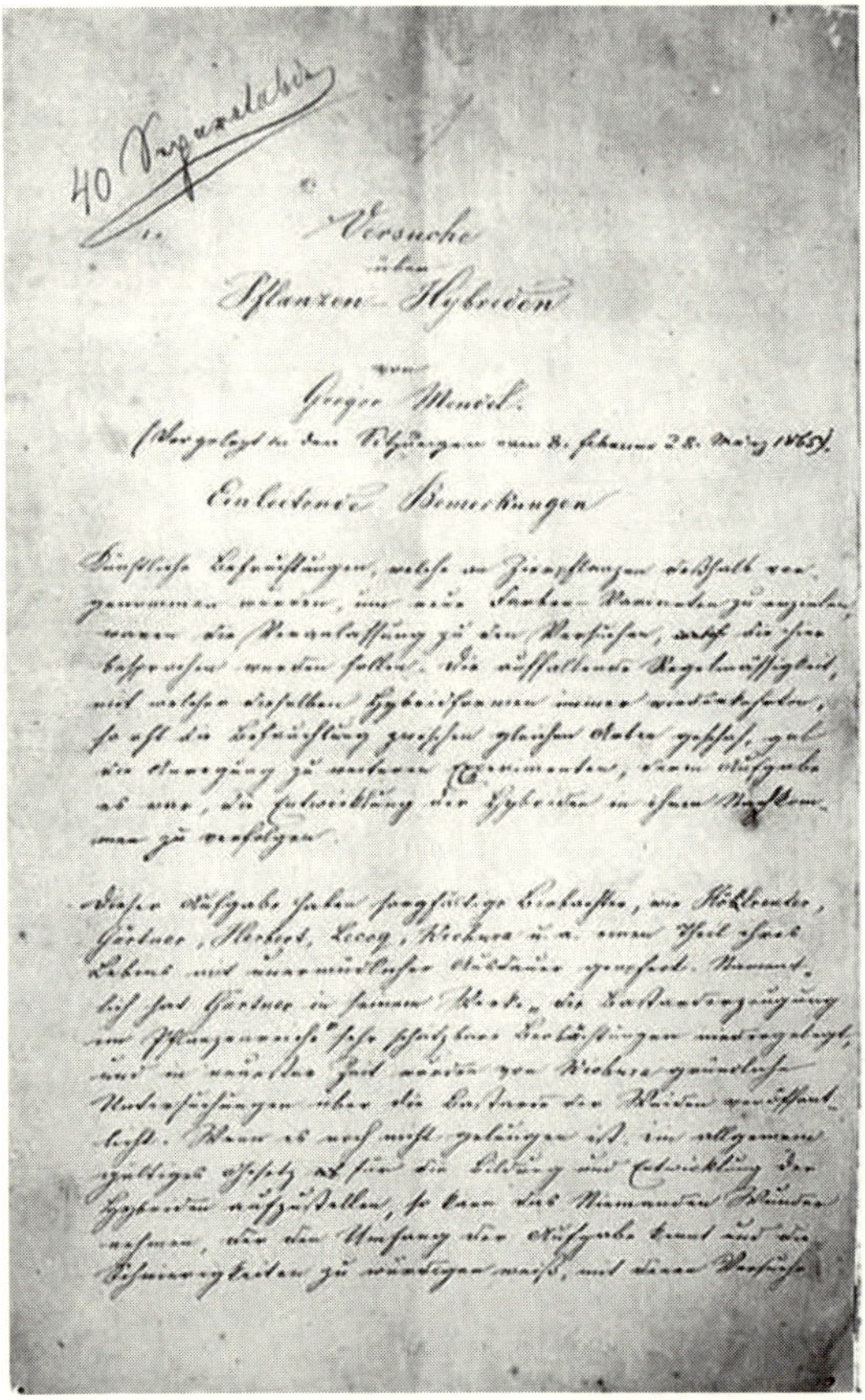

図4·5　メンデル自筆原稿
1910年にイルティス（Hugo Iltis）により発見されたメンデル直筆の原稿。紆余曲折を経て、現在はセント・トーマス修道院にある。（文献4-6より）

１９４５年にソ連の赤軍が所在を確かめたところ、金庫の中は空っぽであるということで、しばらくその行方は不明であった。そして、１９８０年代後半になって、上記クレメンス師自身が保有していることを明らかにした。

クレメンス師の説明によると、赤軍による略奪を恐れたある宗教関係者が、一旦ウィーンへ持っていき、後に秘かにドイツ在住のクレメンス師に渡したということである。クレメンス師が、アウグスチヌス派の修道士であり、メンデルの子孫につながることを明瞭に意識していることは、２０００年に刊行されたメンデルの法則再発見から１００年の記念論文集に明確に述べられている[4-7]。それからしばらくは、メンデルの係累につながる8名の遺族によって構成された財団による所有が宣言されていた。その後、アウグスチヌス派修道院も所有権を主張したことで、この現代科学の基盤に位置するとてつもなく貴重な原稿は法廷の場に持ち込まれた。結局、２０１２年になって、チェコ共和国の外務大臣シュワルツェンベルク（K. Schwarzenberg）は、ドイツ バーデン・ビュルテンブルク州政府との外交交渉の結果、ブルノの修道院の所有になり、その金庫に保管されたことを宣言した。やがて、対応が整えば公開するというのが現在の状況である。メンデル直筆原稿もメンデルの係累と同様に、数奇な運命をたどったといえよう。

5　本章のおわりに

メンデルは、新しい科学体系の創始者であり、いわゆるパラダイムを開いた人である。ところが、その国と文化的背景の眼鏡を通すと、いくつかのメンデル像が現れるかもしれない様相である。現代のチェコから見ると、チェコ人であることは自明であるかもしれないが、それでは収まらない。また、メンデルの人となりと彼が実際に行ってきた活動は、それらを超越していると思われ、世界人であったというべきで、多様性を尊重した人であったと思う。これは大変重要なことであり、メンデルは科学者であると同時に宗教家であり、科学的世界と宗教的世界を調和させていた。これらを喚起して、この章を閉じる。

5章　メンデルの法則の展開：優生学と育種学

1　はじめに

メンデルの法則が1900年に再発見され、遺伝学が人々の認識の対象になると、社会や政治に大きな影響を与えるような出来事が起こった。人類にとって益のある成果は計り知れないほど多いが、負に働くこともあった。負に働いたことのほとんどは、法則から導かれるものではなく、派生したものであり、誤解や乱用・悪用に基づくものである。それらは、今日話題にされることが少なくなっているが、その概要と背景を理解しておくことは必要であるし、それらの出来事を忘れるわけにはいかない。その一つは優生学説であり、ナチスがそれを悪用して、民族の抹殺の論拠としていたことは、歴史にその跡を留めている。しかし、それらが遺伝学とどのように関係していたかは、あまりよく知られていないのではないだろうか。

これについて、ある時私が経験したこと、特に農業政策との関連については人に伝えた方が良いと思い、本章を設けた。1990年代の後半に、ヨーロッパに長く滞在されていたI博士とお話ししていた時、私がマックス・プランク育種学研究所（Max Planck Institute for Plant Breeding）に縁があることを知ると、その方は「別名アーウィン・バウアー（Erwin Baur）研究所というのですよね」といわれた。その時、私が「1990年以来もうその別名は使われていない」と説明すると、怪訝な顔をされたことを覚えている。事実、遺伝学者バウアーがナチスの人種政策に関与したのではという疑いをもたれた時点で、その名前は消えたのである。

結局、本文で具体的に述べるように、彼は人種政策に直接関与したのではないという証明が後になされたのであるが、名前は復活することはなかった。しかし、これを契機に、詳しい調査報告がなされ、マックス・プランク協会（Max Planck Society）から公式に刊行されている。私はたまたま、それを入手することができたので、ここに紹介する［5-1］。その本はドイツ語で書かれているし、おそらくこれに目を通された方は多くはないであろうと思うからでもある。なお、マックス・プランク協会が、資金の大部分を連邦政府、州政府より得ているものの、国立（連邦・州立を含む）ではなくて、民法上の組織であるため、政府より距離を保つことができたが、これは前身のカイザー・ウィルヘルム協会より引き継いだものである。これはバウアー在任中は機能したが、彼の死により失われたことは以下の本文で述べる。ともあれ、まずその前に、優生学説とは何かをあらかじめ述べる必要があろう。

2　優生学説

優生学説を最初に主張したのは、ダーウィン（Charles Darwin）の甥にあたるゴールトン（Francis Galton）であり、1883年のことであった。つまり、メンデルの法則が世に知られる以前であり、ダーウィンの進化学説から唱えられたもので、社会ダーウィニズムともよばれ、かなり素朴な考えによるものである。すなわち、産業革命により、都市に人々が集中した結果もたらされた社会情勢の変化による危機感から発生したもので、都市住民と農村住民との間には形質上の差があるのでは、というような考えが元となっている。また、都市への人口集中と出生率の低下などの説明と、その対応策をどうしたらよいかというような考えで、今日ではほとんど社会学上の問題であり、遺伝学上の問題ではない。この優生学説は新大陸でも唱えられ、アメリカ合衆国のいわゆるＷＡＳＰ（White Anglo-Saxon Protestants）優先の論拠とされ、アジア系の移民を排除する「移民排除法」の根拠となった。この流れの中で、ダーヴェンポート（Charles Davenport）により、カーネギー財団の中に、コールド・スプリング・ハーバー（Cold Spring Harbor）研究所が創設されていることも記憶されるべきことであろうが、分子生物学のメッカという今日のイメージからはとても想像しがたい。

ドイツにおいては、彼の学問上の貢献は、以下の本論で述べることになるバウアー、メンデルの法則の再発見者の一人コレンス（Carl Correns）、遺伝学と進化をつなげることに大きな役割を果たしたゴールドシュミット（Richard Goldschmidt）が中心となって優生学説が推進され、学会が創設され、彼らがその学問体系の普及にあたった。

優生学説は、遺伝学の成果を盛り込み、人類の遺伝的形質の劣化を防ぐことに配慮がなされていたが、特に、優劣の法則から導き出される、突然変異による劣性の形質が蓄積されることへの危惧が重要な関心事であった。学会の組織化も、まず、優生学会が先行し、遺伝学会はその後を追った。このような流れの中で、優生学説の推進は日本でも行われ、遺伝学者、医学者の研究対象となり、多くの医学部の人類遺伝学研究室がこの考えを背景として作られている。

なお、人類の遺伝的劣化に関しては、１９０８年にイギリスのハーディー（Godfrey H. Hardy）とドイツのワインバーグ（Wilhelm Weinberg）が独立に見いだしたハーディー・ワインバーグの法則により、遺伝的に雑種的形質をもつ人類集団では、突然変異などによりもたらされる劣性の形質、特に遺伝病などが蓄積されて増加していくことはないということが示され、それほど問題になることではないことが明らかになっている。（ただし、法則の成立は十分大きな集団で、ランダムな交雑を前提としていることは考えなければならない。）にもかかわらず、ナチスの人類政策がいかにして出てきたかは、追求すべき課題である。まず、その前に、バウアーのことを述べる必要がある。

3　バウアー

バウアー（Erwin Baur）（１８７５—１９３３）（図５・１）は、ドイツの南西部のバーデン・ビュルッテンベルク州のイヘンハイム(Ichenheim)の薬剤師の家に生まれた。フライブルク大学・シュトラスブール大学・キール大学で医学を学び、短期間は医師としても働いたが、医学には興味を失ったことにより、少年時代から親しんだ植物学に転じ、地衣類の研究について学位論文を書いた。ゼラニウム（*Pelargonium zonale*）の斑入りに関するキメラの遺伝機構を明らかにすることにより教授資格（Habilitation）を得て、ベルリン大学で遺伝学を講じた。1911年にベルリン農科大学教授となり、1914年にはドイツ圏最初の遺伝学研究所（現在ではベルリン自由大学応用遺伝学研究所となっており、ベルリン・ダーレムになお当時の建物が残っていることを最近の訪問で確認した）を設立したが、第一次世界大戦中であるので、研究所の建設計画は思うようには はかどらなかった。

図5·1　バウアー（1875-1933）
（提供：マックス・プランク植物育種学研究所）

それと並行して、カイザー・ウィルヘルム植物育種学研究所の構想をもつのであるが、その創設のプランは1917年に発表された。それは、カイザー・ウィルヘルム協会の総裁ハルナック（Adolf von Harnack）の下で、バウアーと育種家ロッコー（Ferdinand von Lochow）とで作成された。そのプランの骨子は「品種改良は、従来の選抜のみによるのではなく、遺伝学の原理にしたがった交配によることはドイツにとって重要である」というものであった。しかしながら、時は第一次世界大戦の末期であり、その後の敗戦による財政難のため、計画の進展はなかなか見られなかった。その後、1927年になって、メンデルの法則の再発見者の一人コレンスが、バウアーが所長となるのが適当であると進言したことで、計画の推進が図られ、カイザー・ウィルヘルム協会の理事会がバウアー所長のもとでの研究所の設立を決定したのは、1928年であった。

その場所は、北ドイツミュンヘベルク（Müncheberg）であったが、研究所の創設資金は民間にも求めるようにとされた。これは、バウアーがかかわったカイザー・ウィルヘルム人類遺伝学研究所が公的な資金のみにより創設されたのと対照的であったが、その背景は、研究が進展するとともに、品種改良は民間の種苗業界が自立的に展開することを配慮したものであった。実際その成果は、センクブッシュ（Reinhold von Sengbusch）により飼料用のマメ科ルーピンの育種で実用化した。有用表現型が劣性であっても、独立の法則に従い、16分の1の確率でその子孫では有用表現型が組み合わされたものが得られることを利用したものである（図5・2）[5-2]。これは、研究所の最初の成果であり、その権利の保護と実用化とその普及のモデルともなった。

研究領域は、穀類、園芸作物、また、病害抵抗性品種の育成から、作物の原種を入手して今日

♀ \ ♂	DI	Di	dI	di
DI	DDII 苦い 散布性	DDIi 苦い 散布性	DdII 苦い 散布性	DdIi 苦い 散布性
Di	DDiI 苦い 散布性	DDii 苦い 非散布性	DdIi 苦い 散布性	Ddii 苦い 非散布性
dI	DdII 苦い 散布性	DdIi 苦い 散布性	ddII 甘い 散布性	ddIi 甘い 散布性
di	DdIi 苦い 散布性	Ddii 苦い 非散布性	ddIi 甘い 散布性	ddii 甘い 非散布性

図 5·2　交配育種の例

交配育種の最初の成功例は、センクブッシュ（Reinhold von Sengbusch）により、ハウチワマメ（ルーピン、Lupinus）において示された。苦み（bitter）遺伝子と散布性（bursting）の遺伝子の対立遺伝子は、それぞれ、苦みの少ない（sweet）遺伝子と非散布性（burst resistant）遺伝子であり、後者はいずれも劣性であるが、交配により劣性のホモの品種が作られたことにより、家畜飼料に大きな貢献がもたらされた。教科書によく登場する、2因子の F_2 における分離比が 9:3:3:1 になる実例である。これはバウアー設立のカイザー・ウィルヘルム植物育種学研究所の初期の成功例であり、メンデル遺伝学による有用品種育成の例証でもある。

では常識的になっているジーンバンクも作った。そのため、南米でジャガイモの原種を収集し、それらは研究所の遺伝資源となっている。さらに、果樹から、林木の育種まで手掛けて、そのための施設としてドイツ各地域に支場を持った。

この間のバウアーの活動は、後にも触れるようにきわめて多岐にわたっていた。健康上の問題を抱えていたコレンスは、人前に出て活動することを避ける傾向にあったが、バウアーは組織力においても大きな力を振るい、対政府との交渉、学会の取りまとめにも中心的に働いた。とりわけ、1928年にベルリンで開催された第5回国際遺伝学会議に際しては、第一次世界大戦後のドイツの国際学会への復帰という意味もあり、中心的に活動した。

なお、研究所は、第二次世界大戦の末期から敗戦時にかけては、ソ連赤軍が東から迫っていたため、一旦ハノーファー近郊へ移り、次にハメルンへ移転した。その後、現在地ライン河畔のケルン郊外フォーゲルザング（Vogelsang）に場所を得て、移ったのは1955年であった。ハイデルベルク近郊のローゼンホーフなどにも、研究所の分室の一つがあり、戦後にも残っていた。そのため、カイザー・ウィルヘルム植物育種学研究所にとっては、バウアーはシンボル的存在であった。アーウィン・バウアー研究所とも称したのはそのためであり、バウアーは研究所の精神であるとみなされていた。それは、マックス・プランク研究所となってからも変わることはなかった。

カイザー・ウィルヘルム研究所時代のバウアーらの学問上の貢献は、例えば今日花の形態形成に重要な役割をしている実験材料としてのキンギョソウ（*Anthirrhinum majus*）の導入であり、花芽形成におけるABCモデルの基礎の一つの柱となっている。

さて、バウアーがナチスの人種政策に関わっていたのではと疑念を持たれたのは、これらの政策に学問的基礎を与えたとされる教科書『人類遺伝学と民族衛生教程』の共著者であったためであり、他の著者はフィッシャー（Eugen Fischer）とレンツ（Fritz Lenz）であった。しかしながら、人種や優生学説に関しては、レンツが大部分を書き、一部フィッシャーが執筆した。バウアーは遺伝学の基礎知識の説明という立場から、植物での実験を元として分量としては全体の10分の1を担当していただけであるので、結局バウアーがナチスの人種政策に関与していたという嫌疑は、マックス・プランク協会の調査委員会の調査によって晴らされた。また、後でも触れるように、民族浄化政策についての主張と行動はもっぱらレンツとフィッシャーによりなされていたことが判明している。さらに、後で述べるようにバウアーは1933年に急逝したので、その点からもナチスの人種政策への関与はほとんどないと判断された。

コラム　メンデル以前の品種改良と交配育種の現況

メンデル遺伝学の直接的成果として科学的「育種学」が始まったが、それ以前はもっぱら選抜により品種改良が行われていた。イギリスの経済学者マルサス（T. R. Malthus）は、1798年に、人口増加は対数(幾何級数)的増加であるが、食糧増産は一次関数(算術級数)的にしか増えないので、食糧危機が起こると予測したが、その予測は幸い当たらなかった。その理由は、育種学の成果によって食糧の増産が図られたからである。

実際、メンデル遺伝学に基づく交配育種により、食糧生産は飛躍的に向上した。その象徴的な出来事は、1970年にノーベル平和賞で称えられたボーローグ（N. Boulaug）博士に始まる緑色革命である。

しかし現在、交配による品種改良はほとんどやりつくされたので、形質転換によって、交配により、本来、遺伝子交換ができない範囲からの遺伝子の導入が必要とされている。

メンデル遺伝学による育種学は、交配が前提であるので、交配できない場合には遺伝子の授受が不可能である。しかし、遺伝子工学の進歩とともに、形質転換法が進展し、種を超えた遺伝子の授受が可能になってから、品種改良の範囲は拡大した。しかし、一旦導入された遺伝子はメンデル遺伝学により育種素材となるので、メンデル遺伝学は変わらず品種改良には重要である。

4　ナチスと人種政策

ナチスの人種政策を一言で述べることは難しいが、ドイツが第一次世界大戦において敗戦国となり、ベルサイユ条約で過大な賠償金を課されたので、ワイマール共和国は、理想は高く掲げたが、政策の実行には困難をきわめており、国内には天文学的数字のインフレを始めとする混乱が生じていた。この間に、ヒットラーに率いられたナチス党が国家社会主義を掲げて、政治的に大きな役割を果たすようになってきた。ヒットラーが、ミュンヘン蜂起の後、獄中で書いた『わが闘争』[5-3]には、上記『人類遺伝学と民族衛生教程』が引用されて、民族浄化などが説かれている。いわく、人種には優劣があり、その雑種化により民族の優秀性は低下するというものであり、ここからユダヤ人排斥の論拠を導き出した。それは、本来の優生学説から逸脱したものであり、『人類遺伝学と民族衛生教程』からの議論も元々の趣旨とは異なるという解析がなされており、北方のアーリアン人種の優秀性の論議は、フランスのゴビノー（A. S. de Gobineau）の影響であるとされている。

これに関しては、農業政策との関連を見る必要がある。ナチス党は元々都市で発足したので、農業政策については明確な方針はなかったのだが、1929年に政権を掌握すると、農業政策も提出された。しかしそれはワイマール体制を否定するものであり、競争力を失っていた農業のために、自由市場を停止することを行った。その時に登場したのがダレ（Richard Walter Darré）であり、農業政策の中心として働いた。ダレは、元々はアルゼンチン生まれの在外ドイツ人であったが、第一次世界大戦に義勇兵として加わり、その後ハレ大学（Halle/Saale）で農学を修め、主として畜産学を学んだ。彼の主張は、北方系ヨーロッパ人による、土地世襲制を基本とした自立農民の育成であり、スローガンとして「血と土地（Blut und Boden）」政策を唱えた。その骨子は、純潔アーリアン人種の優越性であるが、それは、諸々の説の断片をつなぎ合わせたものである。これは、彼が他民族文化に無知であったことにより生じたものであるが、そこから、当時問題となっていた、流入する東方ユダヤ人の排斥の論拠を導き出した。一方、東欧圏、特にロシア方面への、上記土地政策に基づく移民政策が浮上してきたが、それは、軍事拡張という様相を示した。

そして、農業大臣に就任したダレは、上記の主張に伴った農業政策を1939年から1943年にかけて推進し、それがナチスの農業政策となった。これは、ナチスのユダヤ系排斥とつながり、ホロコーストとなっていった。イーディシュ語を話す東方ユダヤ人が第一次世界大戦とともに西側に現れ、奇異な目で見られていたことは、カフカの書いたものの中に見ることができる[5-4]。これらの文献は、邦書でも複数あるので、そこで問題になっている種々の点の説明はそれらに譲るが[5-5][5-6]、優生学説は単一な流れではなく、いくつかの分流があり、複雑に絡み合っていることのみ指摘する。

5 バウアーの農業政策と突然の死去とその後

ここで、バウアーがどのような農業政策をもっていたかを述べる必要があろう。遺伝学者であるバウアーは、上記のように第一次世界大戦後のドイツの窮乏を救うため、遺伝学の応用を実現すべく育種学研究所を設立した。農業経営の自立化と、困窮のための海外への移民によってもたらされる人口減少を防ぐものであり、そのために科学的に農業生産の向上を図ることが必要であるとした。その際、政府筋とも関係をもたざるを得なかった。また、農業政策にも発言しており、1933年には建白書（Denkschrift）を発表している。彼は、元々はダレにはきわめて批判的であったが、1932―1933年には、いささかの歩み寄りが見られ、しいて言えばこの歩み寄りが、初めに触れた嫌疑にかかわるかもしれない。ところが、彼はその建白書を発表して6週間後に、狭心症のために亡くなってしまったが、その時58歳であった。これは、あまりにも早い死というべきである。というのも、彼の計画がやっと軌道に乗り始めたばかりであったからである。一方では、彼が大きなストレスを抱えていたことが想像される。

彼の突然の死により、カイザー・ウィルヘルム植物育種学研究所には、大きな困難が次々と襲うことになった。バウアーの代わりに所長代理フスフェルト（Bernhard Husfeld）が就任し、その後、新所長ルドルフ（Wilhelm Rudolf）が就任したが、この間にナチスの同調者が入り込んできた。マックス・プランク協会が民法上の組織であると述べたが、それはカイザー・ウィルヘルム協会を継承したものであり、そのため政府とはある程度の距離を保つことができていたのだが、それが失われたのである。その結果、キンギョウソウの研究に関わっていた3人の遺伝学者ククック（Hermann Kuckuck）、シック（Rudolf Schick）、スツベ（Hans Stubbe）は、困難に直面し、研究所を去らざるを得なかった。後に、ククックが述べているが、よろずに万能で、学問だけでなく、研究行政、対政府交渉に、これ以上ないような成功を収めてきたバウアーであるが、それが故に、その反動は大変大きかったのである。

ククックは、研究所を離れてから、育種会社勤務を経て、戦後は国際組織などの在外の活動を余儀なくさせられ、さらに種苗会社勤務を経て、ハノーファー工科大学教授（育種学）に就くこととなった。シックは、ジャガイモの育種に携わり、南アメリカへも原種の収集に行ったが、第二次世界大戦後はリュベック大学教授となった。スツベは、キンギョソウへのX線照射による変異の誘導で業績を上げたが、やはり研究所を去り、１９４０年にはウィーンに設立が予定されたカイザー・ウィルヘルム栽培植物研究所の教授に任命されたが、敗戦により実現しなかった。第二次世界大戦の後は、旧東ドイツの栽培植物学研究所（Institut für Kulturpflanzenforschung）

（ドイツ統一後はLeibniz Institute of Plant Research）で研究を行ったが、そこで彼は、旧東ドイツの体制下でも一貫してメンデル遺伝学の正当性を主張し、実験事実に基づく研究を行ってきた。東欧圏にメンデル遺伝学を否定するルイセンコイズムがはびこった時代には、多くの困難があったと想像されるが、1965年にメンデルの法則発見100年の会がチェコスロバキア ブルノで開催された際には、中心的に働いた。なお、バウアーの死後、カイザー・ウィルヘルム植物育種学研究所に起こった一連の出来事は、シュトラウプ（Joseph Straub）により詳しく紹介されている［5-7］。

このように、表題の優生学は、バウアーを通じて遺伝学と深くかかわっていることが見て取れる。これとある距離をおいて、ナチスの優生学説が発生し、暴走した結果、おぞましい結果がもたらされたと見ることができよう。

6 本章のおわりに

わが国でも、優生学説、ナチスの人種政策に関して述べられた文献は相当あるが、それらが遺伝学、植物育種学とどのように関係しているかの紹介はほとんどなされていないのではと思う。本章で触れたバウアーの事績を通じて、その空白が埋められるであろうという思いがこの章の執筆の動機であるが、そこへ至るまでには、若干の個人的経験があるので、それらを添える。長くお付き合いさせていただいたマックス・プランク植物育種学研究所のシェル（Jeff Schell）教授（図5・3）を訪問した折に、筆者がバウアーの事績の調査報告[5-1]へ興味を示したことから、関連する刊行物をいただき、それが本章へとつながった。通読して、遺伝学と優生学説、ナチスの人種政策、農業政策の関係がわかり、それまで疑問に思っていたことの多くが解消された。それで、本章ではその要約を試みたのである。本来なら文献[5-1]の全訳が望ましいが、それは大部になるので、要約に留めさせていただいた。

図5·3　シェル教授（1935-2003）
コンツ（Csaba Koncz）博士提供

さらに、通読の結果、シェル教授より長く、親しくお付き合いいいただいたマックス・プランク生物学研究所のメルヒャース（Georg Melchers）教授（図5・4）から伺っていたいくつかの話につながることが明らかになった。その一つは、ククック教授である。ある時、ククック教授の書いた育種学の本[5-2]は、厚くはないが、なかなかすぐ

図5·4　メルヒャース教授（1906-1998）
（撮影：長田）

れているという話になり、メルヒャース教授は、私に興味があればその本をやろうとおっしゃられた。そして、通読すると、ドイツ語であるからスラスラとはいかなかったが、その内容は実に面白かったのである。それまでに、日本語で書かれた植物育種学の教科書は2冊読んでいたのであるが、それらはまったく面白くなかった。その違いを考えたところ、ククックの著書は応用遺伝学であり、論旨が首尾一貫しているが、わが国のものは大部で、しかも各論の累積であり、手法の集積のせいであろうと思い至った。そのククック教授が、本文に述べたように大変なご苦労をされていたことを知ることができた。遺伝学は、基礎であれ、応用であれ、首尾一貫した学問体系であるという思いが強くわいた。

もう一点あり、それは本文で述べたスツベ教授である。メルヒャース教授は、長いこと遺伝学学術誌の"Molecular & General Genetics"（現在は、"Molecular & General Genomics"というが、それらはしばしばＭＧＧと略される）の編集者であったが、もう一人の編集者がスツベ教授であった。なお、ＭＧＧは、１９０８年に創刊された世界最初の遺伝学学術誌で、その頃の名前は、『実験的手法による遺伝学雑誌』（"Zeitschrift für induktive Abstammungs- und Vererbungslehre"）というもので、その編集長はバウアーであり、他の編集者は、コレンス、ヴェットスタイン（Richard von Wettstein）、ヘッカー（Valentine Haecker）、シュタインマン（Gustav Steinmann）であった。その後、『遺伝学雑誌』（Zeitschrift für Vererbungslehre）となり、現在のＭＧＧとなった。なお、スツベ教授は、メンデルに至るまでの遺伝学の流れを概観した遺伝学史を著わしている［5-8］。

もう一点加えてこの章を閉じる。すでに触れたシュトラウプ教授［5-7］は、１９６０年から新しいマックス・プランク植物育種学研究所の運営に大きな力を振るったが、彼が新しい分子生物学の流れを導入することに努めたことは、デルブリュック（Max Delbrück）の事績を振り返った著書の後半にも出ていることに気づいた［5-9］。特に、光合成の研究者であるメンケ（Wilhelm Menke）教授の退任後、根頭癌腫菌（*Agrobacterium tumefaciens*）による植物形質転換のリーダーであるシェル（Jeff Schell）教授を選任したことに象徴される。従って、今日のマックス・プランク植物育種学研究所の隆盛は、バウアーに始まり、シュトラウプにより分子生物学が取り込まれて、今日に至り、常に先端的な品種改良の原理を開拓し続けていると見て取れよう。

コラム　メンデルとダーウィン

進化の機構を考えるとき、ダーウィンの提出した「自然選択説」は、その大きな柱となるが、変異をもたらす機構については欠けている。そこで、重要になるのはそれをもたらすメンデルの遺伝法則の発見であるが、両者は同時代人であるので、両者の交流は興味のあるところである。メンデルがダーウィンの『種の起源』他を読んでいたことは確実である。というのは、セント・トーマス修道院の図書室にはダーウィンの著書のドイツ語訳があり、それをメンデルが丹念に読んでいたことは明らかである。本にメンデルの書き入れがあることが知られているからであり、私も最初にブルノのメンデル博物館を訪問した時、それを見せていただいた。

それでは、ダーウィンはメンデルの論文を知っていただろうかという件に関しては、1874年ころ、当時のギーセン大学教授ホフマン（Hermann Hoffmann）の植物雑種に関する小冊子がメンデルの研究を紹介しており、それをダーウィンも読んでいたことは明らかになっているので、メンデルの研究の概要は知っていたであろうと推定されている。しかしながら、小冊子自体メンデルの研究内容の一部を伝えただけであることがわかっているので、メンデルの考え方を理解していたかどうかについては否定的である[5-10]。したがって、進化の機構についても、メンデルの法則再発見以降に本格的に議論が進められるようになったといえるであろう。

6章　メンデルの法則を覆う影：ルイセンコ事件

1 はじめに

メンデルに始まる遺伝学の発展の歴史の中で、暗雲のように立ち込めたのがルイセンコ事件であるが、今日ではその存在すら知らない人も多いかもしれない。分子生物学の進展により、ほとんどその暗雲は吹き飛ばされ、決着のついている出来事であるので、本書でふれるべきか、ふれないでおいたほうがよいか、いささか逡巡《しゅんじゅん》したが、問題点のありかがはっきりしないうちにいつの間にか消えてしまったという様相もあるので、取り上げることにした。しかし、振り返ってみると、いくつかの改めて指摘したい点があるのも事実であり、第二次世界大戦後の日本において、ある期間生物学全体にも少なからぬ影響を与え、農法にも影響を与えたことを忘れるわけにはいかない。記述に際しては、できるだけ、現時点ではなく、当時の状況に立ち返ってみることに努めたが、それは必ずしも容易ではなかった。

ルイセンコといっても現代の読者にはピンとこない人も多いかもしれないので、最初に簡単に彼のプロフィールを描いてみることにする。『ルイセンコ（Trofim D. Lysenko、1898―1976）（図6・1）は、ロシア・ソ連の農学者で、植物の進化・遺伝に独自な、科学的には疑問の多い観察結果に基づいて、環境が遺伝形質に影響を及ぼすという、いわゆる「獲得形質の遺伝」を唱えた。その根拠は、バーナリゼーション（春化処理、ロシア語によりヤロビザチアともいう）

図6·1　ルイセンコ（T. D. Lysenko）
（1898 − 1976）
（文献6-1より）
（http://cache-media.britannica.com/eb-media/33/2233-004-89AB11C3.jpg）

にかかわる若干の実験結果である。それを武器に正統的遺伝学者であるヴァヴィロフ（Nikolai Vavilov）に挑んだが、その際、独裁者スターリン（Josif Stalin）から得られた支持を政治的に利用した。その結果、ヴァヴィロフは告発され、結局牢獄死に追い込まれた。しかし、最終的にはルイセンコも失脚し、ソ連の農業には重大な損失をもたらした。』と纏められようが、具体的事実は後でふれるので、ここでは関心をもっていただくだけの取っ掛かりとする。

元とする情報はあれこれあるが、その全貌に触れているという点で際立っており、自らもルイセンコ批判をしたために体制側より大きな被害を被ったジョレス・メドベージェフ（Zhores Medvedev）の著作[6-1]は、迫真性があるので、これを主要な情報源とする。また、彼のおかれていた状況については双子の兄ロイ（Loy Medvedev）の著作[6-2]も参照した。それによると、１９７３年には、ジョレスはイギリス旅行中であったが、ソ連国籍を剥奪されている。

2 ルイセンコとヴァヴィロフ

旧ソ連邦アゼルバイジャン共和国の農事試験場の技師として働いていたルイセンコは、1926―27年に、秋播きコムギを低温処理した後に、春播くことにより相当量のコムギの収穫が得られることを報告した。現象的には、バーナリゼーションといい、現在では植物生理学上の一課題として解明されつつある現象である。また、逆に春播きコムギを秋播きコムギとして利用できることも示し、これら環境条件の変化が、後代の遺伝的性質に変化を及ぼすという実際上の経験を基にするものであり、本来実務的農学者であった。環境条件の変化による獲得形質が遺伝的に後代に伝達するという主張は、19世紀フランスの博物学者ラマルク（J. -B. Lamarck）により唱えられた学説と関連があるということで、ネオ・ラマルキズムともよばれた。

1929年1月にレニングラード（現在はセント・ペテルスブルク）で開かれた全ソ遺伝学・育種学総合科学会議では大して注目を浴びたわけではなかったが、1929年8月にその成果が旧ソ連共産党中央機関紙『プラウダ』に掲載されたことから、関心を集めるようになった。そして、次のレニングラードでの研究発表会では、発表に政治性を加え、正統的なメンデル・モルガン遺伝学（しばしば正統的メンデル遺伝学を彼らはこのようによんだが、ワイスマンを加えることもある）の学説に挑んだ。

この戦術変化は、レニングラードで会ったプレゼント（I. I. Prezent）との連携によりもたらされたものである。プレゼントは、もともとは法律を学び、赤軍の政治委員であったが、科学研究の経験はなく、レニングラード大学教育学部で科学教育法に関する教鞭をとっていた。連携というよりは、むしろ、プレゼントは政治的抗争の術をルイセンコに習得させたというべきかもしれない。それ以後、両者は、表裏のごとく活動を共にする。すなわち、相手の攻撃に際して、科学的結果による根拠で争うのではなくて、例えば育種の試みによって得られた結果を、ダーウィン（Chales Darwin）の進化論に関連づけ、いずれのことも正統的遺伝学と対蹠的に置き、非難に際しては、相手を反革命者と断ずるような言辞《げんじ》を用いた。

この時点から、政治的抗争に化し、ルイセンコは正統的遺伝学を、ブルジョア的であり、反革命的、機械論的・観念論的思想であると断じて、非難した。さらに、革命後食糧事情が悪化していることから、短期間の品種改良を求めていたスターリンは、正統的遺伝学によると10年あまりかかるところを、ルイセンコは1.5年から3年で行えると主張したことから、これを絶賛した。これにより、絶大な信任を得て、農業科学アカデミーにも地歩を得た。ルイセンコらの学説は、革命的・唯物論的思想であり、正統的遺伝学に超越していると主張し、また、正統的遺伝学者はサボタージュを行っているとも非難した。なお、ルイセンコの主張した説には、ジャガイモの光照射による成育阻害防止や、植物の接木による栄養雑種なども含まれている。ジャガイモの場合、今日では別な説明が可能である。ルイセンコが唱えた理論では、遺伝因子は染色体にあるわけではなく、細胞全体にあるのであり、ダーウィンの唱えたパンジェネシスと類似の遺伝機構を考えた。

コラム　バーナリゼーション（Vernalization、春化処理）

バーナリゼーションは、もともと2年生植物で、冬を越して翌年春花をつける、例えばアブラナ科他の多くの植物で知られていた現象であり、長日植物に多く見られる。秋播き小麦は、低温処理してから、播種すると、花芽を形成する生殖サイクルに入る。

なお、スターリンは、レーニン（Vladimir Lenin）の路線を継いだが、当初のボリシェヴィキ革命（十月革命）の性質は大きく変質し、共産主義の理想を追求する姿勢から、レーニンにより確立された権威を利用しながら、一国中心主義、独裁的・個人崇拝的で、競争者をすべて排除することに変化しており、その体制とルイセンコの台頭は大きくかかわっている。

ここで、ルイセンコが攻撃の相手とした、ヴァヴィロフ（1887―1943）（図6・2）の学問上の功績の概要に触れる。彼はモスクワ農科大学を卒業し、最初、植物病理学を出発点として学ぶが、やがて研究を展開し、政府研究所研究員の時代にイギリスのベーテソン（William Bateson）のもとで研鑽《けんさん》を積み、メンデル遺伝学の先端を学んだ。食糧問題の解決には、品種改

図6·2　ヴァヴィロフ（Nikolai Vavilov）（1887 − 1943）
（http://www.loc.gov/pictures/resource/cph.3c18109/ より）

良による作物の量的・質的向上が重要ということで、世界を回り、各地から植物遺伝資源を収集した。日本へも来訪し、サクラジマダイコンを見て、世界一のダイコンであると言っていたということが伝えられている。またその間に、作物の成立した地域には、関連する野生植物があることを見てとり、今日においても重要な学説と見なされている、作物起源地に関する説を唱えた。ルイセンコの攻撃を受けた当初、彼は農業科学アカデミーの総裁であり、全ソ植物栽培研究所長であり、政府の中央執行委員でもあった[6-3]。

ルイセンコによる批判は、1931年に入ってより具体化し、攻勢を強め、それにより政府はヴァヴィロフの主宰する研究組織の監察も行った。その論点の一つは、ヴァヴィロフらの方法では品種改良に時間がかかりすぎるということで、これに対しルイセンコは、自分たちの手法にすれば短時間で遂行できると主張した。実際にはそれがルイセンコらにより達成された訳ではなく、通常の品種改良の必要条件をかなえていなかったので、後に生産現場での混乱の大きな原因となった。

プレゼントのような、政治的に活動する人々の行動はなかなか理解しがたいが、かつて、ドイツに滞在した最初の時（1974年）に会った、ソ連から短期間滞在していたT氏はその範疇へ入るようで、科学的議論にはほとんど加わらなかったが、アフリカ諸国からの留学生にはバラ色のソ連賛美のアジテーションを行っていたことを知った。プレゼントはたぶんそういう類の人ではないかと、現在は思っている。

3　攻勢激化

ルイセンコ、プレゼントらの正統的遺伝学説への本格的攻勢は1935年より始まった。ルイセンコ、プレゼントは、正統的遺伝学を否定したが、その理由は、その遺伝学は形式的・ブルジョア的・形而上学的であるという抽象的なものであった。これに対し、自らの学説を「新生物学」と称し、染色体に遺伝因子が乗っていることを否定した。また、その学説は、権威づけのために著名な育種家のミチューリン（Iwan V. Michurin）に因んで、ミチューリン学説とよび、その農法をミチューリン農法と名づけた。彼らの主張は、①品種内交配により自家受精種子の質の向上を図るというものと、②植物にとって適当な環境条件での育成により、必要な性質を育てるというものであった。前者は、早くにその有効性が認められないことがわかり、後には後者のみ主張したが、問題はその論拠となる実験結果である。秋播きコムギ品種であるコオペラトルカを、そのまま春化処理もせずに栽培し続けることにより、翌年以降に残った株に由来する種子は、春播きコムギ品種になったというものである。実験材料の遺伝的形質が明らかではなく、わずか1粒の子孫に基づく結果であるので、再現性が保証されておらず、科学的根拠があるとは言えないものであった。

また、彼らは獲得形質の遺伝を唱え、同時に突然変異を否定した。染色体を認めず、遺伝機構を認めないことから、突然変異も認めなかったのであるが、変異の頻度があまりにも低いからというのが主張の根拠であった。遺伝の機構を考えると、頻度が低いと言っても、形質発現には多くの遺伝子が絡んでいるから否定の理由にはならないのだが、とにかく思弁の産物として、突然変異を否定した。

なお、この頃までに、ショウジョウバエへX線を照射すると変異が起こることは、マラー（Hermann J. Muller）の研究により確立されていた。さらに、マラー自身は大変親ソ的であり、この時期ソ連に長期滞在して研究指導を行っていた。それに加え、アウエルバッハ（Charlotte Auerbach）により、化学物質の処理によって突然変異が誘導されることも確立しており、ソ連にも関連する研究者はいたのであるから、このような主張の思考的根拠はなかなか理解しがたいが、すべては思弁の結果として否定されたのである。

ところで、私は、かつてこのアウエルバッハ博士とは親しくお話をしたことがある。研究で滞在していたドイツ マックス・プランク生物学研究所のメルヒャース（Georg Melchers）教授のところをアウエルバッハ博士が訪問された時であり、ロッテとよばれている彼女からその経歴もおよそ伺ったが、それは朝食を共にとりながらであった。彼女はアウエルバッハ症候群で知られる著名な医学者である祖父をもつが、ナチスの台頭に際し、ユダヤ系ということで、イギリスに逃れた。最初は教師を希望したが、経歴のため認められず、軍の研究所でショウジョウバエにマスタードガスなどを与える実験に従事していたところ突然変異が誘導されたことが、研究の発端であると伺った。歴史的人物と思っていたアウエルバッハにお目に掛ったことは、ある種の感慨を呼び起こしたが、それがルイセンコの話にも繋がっていることはその時点では思いもよらなかった。

また、当時スターリンは、トロッキストらへの排撃を行っていたが、それと呼応して、ルイセンコは、自らの学説に反対する正統的遺伝学者を、「科学のための科学を行っている者」であると非難し、反動的であると攻撃した。これらの論難は司法当局へゆだねるための手段であり、学問的な論戦ではなかった。

4 ヴァヴィロフの逮捕と獄死

1936―37年には、正統的遺伝学者への攻勢は、いっそう強まっていった。ちょうどその頃、1937年8月に第7回の国際遺伝学会がモスクワで開催されることが、その前のアメリカでの国際学会で決定されており、ヴァヴィロフを中心として準備されていた。しかし、上記のようにソ連では生物学の二つの勢力による緊張が高まっていたので、延期とならざるをえず、結局ソ連では開くことができなかった。1939年にスコットランドのエジンバラで開催されることとなったが、ソ連からの参加者は1名もなかった。

その頃、ヴァヴィロフに対して、ルイセンコらの取った攻勢は、腹心をヴァヴィロフの研究所に送り込むことであり、中傷に基づく告発状を作成して告発するに至った。これらの事例に対して、ヴァヴィロフは個別に反論したが、聞き入れられず、1940年には逮捕された。裁判において、証人としてよばれた人は、ルイセンコに阿諛《あゆ》追従するような者ばかりであった。その結果、最高裁判所軍事法廷はヴァヴィロフを、「右翼への加担、イギリスへのスパイ、農業へのサボタージュなど」の罪で有罪とし、最高刑を宣告した。ただちには刑の執行はされないうちに、独ソ戦が展開し、結局1943年にヴァヴィロフはサラトフの刑務所で獄死した。おりしも、第二次世界大戦の最中であるので、西側の科学者にもほとんど知られることなく、近親者にも知られず、衰弱し、亡くなった［6-3］。この間にルイセンコは、農業科学アカデミーの総裁となり、新生物学を推進し、農業推進の中心となっていた。この一連の告発は事実無根であるとして、ヴァヴィロフは復権したが、それはスターリン没後の１９５５年と、彼が亡くなってから12年以上経過していた。

なお、この間にルイセンコは、土壌肥料学者で、アカデミー会員のヴィリアムス（V. R. Vil'yams）と連携するが、ヴィリアムスは、化学肥料を認めず、マメ科植物の栽培のみを用いる「輪作農業」法にこだわっており、特有の土壌の団粒構造の有用性を主張する、観念論的学者であった。ヴィリアムスは、１９３８年に亡くなったが、ルイセンコは彼をミチューリンと並べて、自らの学派の象徴的存在として遇した。

5 第二次世界大戦後の状況

第二次世界大戦中は、上記諸論争は休止状態であったが、大戦が終了した後にルイセンコは、ダーウィン主義の基本的考えである「種内の競争」に関して、それを否定するという論文を書いたことで、再び大きな論争が巻き起こった。それに対して異論を唱えたものは、すべて反ルイセンコ派として告発された。なお、反ヴィリアムス、さらに荒唐無稽な細胞新生説を唱えたレペシンスカヤ（O. B. Lepeschinskaja）に対して反論したものも同様であった。非難された多くの人々が、研究所の職を追われるか、あるいは左遷されたので、ソ連の学術世界の混乱はいっそう深まり、そのレベルは低下することとなった。なお、レペシンスカヤの学説は、ルイセンコ学説の前提であるとし、一切の批判を許さないという立場も取った。彼女の1937年の論文は、日本の学術誌にも載っているが、当時の研究手法のレベルから考えても、とても信じがたい説である［64］。

この間、ルイセンコの説に基づく農法が実施に移されていたが、もともと科学的根拠がないことゆえ、現場での混乱を招くだけであった。それらは、項目のみ述べるが、品種間交雑、巣播き（種播きの際に種子を多くまとめて播くこと）、種の変換、栄養雑種であるが、結果をコルホーズなどからアンケート式に求めたので、それらの代表者らからは、ルイセンコに媚びた肯定的な結果のみが得られた。また、スターリンの肝いりで始まった「枝コムギ」も、実際の農業を無視したものであるので、その被害は甚大であった。さすがに、これら施策への疑問は多出され、1948年8月に農業科学アカデミーの総会が開かれることとなった。様々な方面から疑問が出され、ルイセンコ学説も大きく揺らぎかかったが、ルイセンコは周到な準備工作を行い、欠員であった科学アカデミー会員の選出にあたっても策を弄《ろう》して、最終的に、自らの関係者を会員とした。さらに、ルイセンコがスターリンへ直接訴えたことから、すべての反論は抑えられたので、農業科学アカデミーの決定により、ルイセンコ体制はまったく影響を受けず、むしろ以前より強

図6·3　スターリン（J. Stalin）（左）とルイセンコ（T.D. Lysenko）（右）
1948年以降ルイセンコは個人崇拝の対象となり、多くの銅像が作られたが、これはスターリンと並んでいる。文献6-1より。

化されることとなった。そこには新たに生じた冷戦の進行が関係していた。各地にルイセンコの銅像が建ち、メダルが配布された（図６・３）。これらの事態に、西側の科学者でソ連科学アカデミー外国人会員であったある人は、それを拒絶する手紙をソ連に送ったが、それを受け取ったのは、ニコライ・ヴァヴィロフの弟で物理学者のセルゲイであり、当時科学アカデミーの総裁であった。

独裁者スターリンは、１９５３年に亡くなったが、後継者フルシチョフ（Nikita S. Khruschchev）の時代においても、ルイセンコ・プレゼントの体制は変わらず、むしろ強化された。一般的にフルシチョフの登場は、ソ連の体制においては、スターリン批判および独裁体制の雪解けといわれているが、ことルイセンコの件に関してはまったくそうではなかったのである。その間に、分子生物学が進展し、メンデル遺伝学の基礎の下に、ワトソン・クリックのＤＮＡの二重らせんモデルが提出され、遺伝子が物質的に明確になった。また、その複製機構が明らかになり、遺伝暗号が決定された。ルイセンコの主張した説は発展することはなく、さすがにソ連の人々

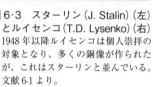

もその真実に気づきだした。しかし、最終的に失脚に至ったのはフルシチョフの失脚後であり、1965年のことであった。彼は、その後も研究室にはそのまま残ることができ、亡くなったのは1976年であった。1965年には、メンデルの法則発表100年の会議がチェコスロバキアのブルノで開かれたが、なおルイセンコ事件の後遺症は残っていた。これらの事態に、メドベージェフは強い怒りを露わにしている[6-1]。

6　世界各国および日本への影響

東欧諸国は、第二次世界大戦後社会主義圏に入ったが、その時ルイセンコ学説の影響を最も強く受けたのは、メンデルの故地ブルノが属しているチェコスロバキアであった。特に、メンデル博物館を作るために活動していた、クリチェネスキー（J. Křiženecký）らは迫害され、メンデルが修道院長であったアウグスチヌス派セント・トーマス修道院は閉鎖され、博物館も閉じられ[6-5]、メンデルが植物育成に使用した温室も破壊された（図6・4）。また、チェコ共和国ブルノ市メンデル広場に1910年に建造されたメンデル像[6-5]は、修道院へ移された（図6・5）。この間に現地にあったメンデルブドウがなくなったことは、1章で述べた。なお、東欧圏への影響が一様でなかったことは、それぞれの国の文化的背景に依るようであり、旧東ドイツの研究者

図6·4　メンデルがエンドウの実験を行った温室跡地
左側に、温室暖房のための煙突の煙道の跡が黒色に見える。
（撮影：長田）

図6·5　メンデル像
大理石のメンデル像は1910年に各国の寄付金により作られ、メンデル広場に置かれていたが、第二次世界大戦後、ルイセンコによる正統的遺伝学否定の影響を受けて、広場から移され、アウグスチヌス派修道院の中に移された。その時、台座に書かれていたドイツ語の説明は消された。図1・3と対比されたい。（文献6-5より）

は、困難には直面していたが、正統的遺伝学を遂行できたことは、5章のガータースレーベンの栽培植物研究所のスッベ（Hans Stubbe）教授のところで述べた。彼は、1965年のメンデルの法則発見100年記念の国際会議の開催に大きく貢献した。

日本ではどうであったろうか。これは、2冊の本がその状況を良く反映していると思われる。まず、1948年のネオメンデル会編の著書は、ルイセンコ学説が導入された当時の状況を良く示している[6-6]。そこでは、ルイセンコのシンパと反ルイセンコ派、それに中立の人々が発言しているが、興味深いのは、農業の実務経験も研究経験もないと思われる人々の、ルイセンコ学説を鵜呑みにする姿勢であり、親ソ的であることが背景にあるようである。あるいは、理想を追求した共産主義国家への憧憬から発せられたとも見てとることができ、民主主義科学者協会（いわゆる民科）の活動が部分的にそれに重なるように見える。

一方、実験的に遺伝学にかかわっている研究者は、一様にルイセンコの実験結果への疑問をもっていたが、それらへの回答は分子生物学の進歩がすべて与えたと言えよう。ひとまず耳を傾けてみようという中間派もいたが、育種学、あるいは進化にかかわる人々であった。しかし、よりどころとなる科学的根拠がどうであったかで判断されるべきで、それをゆるがせにはできないという事実はそこから学び取らねばならないであろう。さらに、それからしばらくして、方向が見え出してからの動向は、中村禎里[6-7]によりまとめられている。その内容について、個別の事柄は文献［6-7］に譲る。ミチューリン農法は日本の各地、それも多く僻遠の地で行われており、かかわっている人々の多くが農業での実務経験のない人々であったことが目立つ。結局、もとのルイセンコの学説自体が間違っていたのであるから、時間と共に衰退していったわけであるが、第二次世界大戦後10年間もそれが続いたことの方がむしろ大きな驚きかもしれない。

7 本章のおわりに

本章で扱ったことは、科学の基本に関することが背景にある。このかかわりでは、偽科学については触れなかったが、その見地からの検討も必要であるかもしれない。事実昨今のＳＴＡＰ細胞騒動のデータ捏造と同根であるという指摘もあり、この点に関しては、『二つの遺伝学』［6-8］を読むと、なぜ日本の科学者の一部がやすやすとルイセンコの説を取り入れたかは不可思議である。これらは結局のところ検証されていないと思われる。

最後に一つのエピソードを加える。尊敬する先輩の遺伝学担当教授が退任直後に、「長田さんだからいうのだが」と、耳にささやいてくださったことが思い起こされた。旧制高校は、1953年になくなるが、その最後から数年前に卒業して、大学へ進学したその先輩が、大学で遺伝学を専門として選んだ時、当時の教授の一人は、「なんで今頃、遺伝学をしようとするのか」

と言われたということである。1955年頃と思われるが、ルイセンコ説は広く浸透し、科学の方向を、一時的ではあるが左右するような力があったのであろうと推察した。

それほどに影響を受けた日本の状況はやはり、世界の中でも特異であったのではと想像しているが、アメリカではドブジャンスキー（T. Dobzhansky）を始め、ソ連の状況を正確に把握していた研究者がいたことが背景にあり、当初から否定の方向と根拠を明確にしていたことが際立つ。それらの動向が、分析もされずに消えてしまったことは、改めて追跡すべきであろうと思うようになった。

7章　メンデルの革新性

1　はじめに

前章までに、メンデルの過ごした環境、学問的成果、その社会へ及ぼした影響について、比較的知られていないことについて焦点を合わせて紹介してきた。その中で、図らずも気づいたことは、19世紀の後半に示されたメンデルの研究の革新性が、その根底に横たわっていることである。そこで、この章では、メンデルの先鋭的革新性について、できるだけ視点を新しくして概観してみることとした。

その第1番の点は、メンデルの発見がなぜ35年間も気づかれず、1900年になってから3人の研究者によって再発見されたかである。よく知られていることではあるが、その背景も根拠も必ずしもよく理解されているとは思われない点があり、また、そう単純ではないと思われるからである。さらに、そこから法則を導く際に行われた実験と、提出された法則とそのもたらす意義との間にはギャップがあり、メンデルの法則の再発見も多分に神話化されている部分もあると思える。これらをできるだけ解きほぐして、実際の姿に迫れるよう努めたい。これにより、メンデルの発見がいかに時代に先行していたかが明らかになると考える。

2 メンデルの法則の再発見

メンデルは1865年に、それまでの8年あまりのエンドウでの交配実験の結果から導き出した法則性について、自然科学研究会の例会で、2月8日と3月8日の2回に分けて発表した（図7・1）。1866年には、その内容について、自然科学研究会の紀要に論文として発表した [7-1]。紀要は120部が各機関に配布され、その論文の別刷り40部は研究者に送付された。

そして、1900年になって、3人の科学者（図7・2）により独立に再発見されることとなったといわれるが、この〝独立〟は字義どおりにはとらえられない点もある。2000年は、メンデルの法則の再

図7·1　メンデルが講演を行った高等実科学校の校舎
1865年にメンデルがエンドウの交配について講演したのはこの建物であるが、現在は市の施設となっている。写真の左の入り口の左脇にパネルがあり、メンデルが講演したことが記されている（撮影：長田）。

発見100年で、チェコ共和国ブルノでは、それを記念した国際会議が開かれ、私も要請を受けてそれに参加したことは1章で述べたが、そのとき、ドイツ、オランダ、オーストリアの研究者が、それぞれ再発見に関わった3人の学者の業績とその意義について述べられた。そこで知った再発見のドラマはほぼ次のとおりである［7-2］。

再発見劇の第一幕は、1900年3月26日に、アムステルダム大学のド・フリース（Hugo de Vries）が、フランスの植物学者ボニエ（Gaston Bonnier）に論文を送ったことに始まる。ド・フリースは、もともとダーウィンの、「生殖に際して体の各部位にあるジェンミュールが血管を通して生殖細胞へ移動する」というパンジェネシス説に影響を受け、植物の形質発現でそれを示したいと、ドイツ ビュルツブルク大学の植物生理学者ザックス（Julius von Sachs）の下で研究を行っていたが、そこで形質発現が統計的分布を示すことを知った。その過程で遺伝法則の存在に気づいたのであった。フランス科学アカデミーの会員であるボニエは、アカデミーの例会でその論文を読み上げて発表し、その内容は『フランス科学アカデミー報告（*Comptes Rendus de l'Akademie des Sciences*）』の3月号に掲載された。その要旨は、ゴマノハグサ科クワガタソウ属（*Veronica*）植物やアカバナ科マツヨイグサ属（*Oenothera*）植物の種間で交配すると、花の色は雑種第二代には3対1に分離するというものであった。

この別刷りは他の研究者に送られたが、その中にはドイツのコレンス（Carl Correns）やオー

図7·2　メンデルの法則を再発見した3人。
左上：ド・フリース（Hugo de Vries）（1848 − 1935）
右上：コレンス（Carl Correns）（1864 − 1933）
左下：チェルマック（Erich Tschermak）（1871 − 1962）
（文献［7-3］より）

ストリアのチェルマック（Erich Tschermak）がいた。コレンスはそれを4月21日に受け取り、内容を見て大変驚いた。というのは、彼はキセニアに興味をもって、エンドウに近縁のガーデンピー（*Pisum vulgare*）やトウモロコシ（*Zea mays*）で研究を行っており、雑種第一代の形質発現は一方のみに限られるが、次の代には分離するという結論に達していた。ところが、過去の文献を調べると30年以上前に、当時はまったく無名であったモラビアの修道士「メンデル」という人が、ほとんど同様な内容の論文を発表しており、しかもその内容はより網羅的であり、形質の伝達機構にまで言及している、優れた論文であった。したがって、自身のそれまでの結果だけでは発表には値しないと思っていたのであったが、ド・フリースの報告に驚いたコレンスは、ただちに自らの研究成果をまとめて、4月22日に『ドイツ植物学会報告（*Berichte der Deutschen Botanischen Gesellschaft*）』に送った。というのは、ド・フリースの論文にはメンデル論文の引用がなかったからであり、メンデルの功績を世に知らしめる必要があると思ったからである。当時、コレンスはチュービンゲン大学の教授であったが、後に、ベルリンのカイザー・ウィルヘルム生物学研究所の教授となった（図7・3）。また、ド・フリースの論文では優性（dominant）、劣性（recessive）というメンデルの用いた表現を使用していることも不可解であった。あたかも、メンデルの論文を知っていたことを秘匿するかのようであった。そのため、論文のタイトルは「後代の形質の挙動に関わるメンデルの法則」とし、ただちに論文は採択され、印刷に付された。この時点で「メンデルの法則」という言葉が登場した。

また、チェルマックも、学位取得後の遍歴時代にベルギーのゲント植物園で行った研究の結論がメンデルと同様なものであったので、その内容を『オーストリア農業研究雑誌』に発表していた。それは教授資格論文（Habilitation）に相当するものであった。

ただし、ド・フリースもメンデルの研究を知っていることを隠したわけではなく、フランス科学アカデミー報告はいわば速報であるので引用に不備があったのであり、コレンスに先んじて『ドイツ植物学会報告』

図7·3　コレンスが使用した水平顕微鏡

コレンス（Carl Correns）は、メンデル法則再発見者の一人であり、カイザー・ウィルヘルム生物学研究所の教授であった。筆者は1974-75年にその後身マックス・プランク生物学研究所で研究を行ったが、そのときプロトプラストの表面電荷を測定した。その際，用いた装置はコレンスが用いたという水平顕微鏡を改造したものであった。コレンスが用いたという証拠は、その備品番号にあった。KWI BIIとあったが、意味するところは生物学第2部門であった。ちなみに、生物学第1部門の教授は、オーガナイザーの研究でノーベル生理学・医学賞を得たシュペーマン（Hans Spemann）であった。　（撮影：長田）。

へ投稿していた論文にはメンデル論文も記載されていた。また、これらと別にフランス語の論文も書いている。当初、ダーウィン流のパンジェネシスを示す目的で実験を行ったところ、意図に反して、メンデルの示した結果に至ったということである。ただし、引用の仕方が不自然であることは否めない。これは、彼の助手の説明によると、論文がほぼ出来上がったころ、微生物学者として著名なバイエリンク（Martinus W. Beijerinck）から、ド・フリースの研究に関係があろうからといって、メンデルの論文の別刷りが届き、その内容が自身の論文の中身とよく似ているということで、急きょ引用したからであるということである。また、この『ドイツ植物学会報告』へはチェルマックも投稿しており、いずれも1900年に掲載された。そこで、1900年をメンデルの法則の再発見の年とし、3人により再発見は独立になされたと言われるようになったのである。

ただし、三者の間には相当差が見られ、最も若年のチェルマックは解析が浅く、雑種第二代における形質の分離については明確ではない。このため、スターン（Kurt Stern）などは、チェルマックを外して、ベーテソンを3番目に数えている。また、法則の重要性を最もよく認識していたのはコレンスである。コレンスの遺伝学上の最も大きな貢献は、オシロイバナの斑入りの遺伝において非メンデル性の遺伝現象を発見したことである。非メンデル性の遺伝は細胞質の遺伝因子によっていることが後に明らかにされた。

なおチェルマックは、その後メンデルの法則を品種改良に適用することに努め、コムギ、オオムギ、ライムギの品種改良を行ったので、その方面での貢献も大きい。また、彼のためにウィーン農科大学には育種学講座が設けられた。

ここで触れた『ドイツ植物学会報告』は、後に雑誌名を『植物学誌（*Botanica Acta*）』と変え、さらにオランダ植物学会の学会誌とも合併して『植物生物学（*Plant Biology*）』となった。私は、この *Botanica Acta* と *Plant Biology* の編集委員を10年ほど務めたので、法則再発見のドラマを身近に感じることができて感慨が深い。かつてはドイツ語の雑誌であったが、現在は英文誌である。

図7·4　ネーゲリ（Carl Nägeli）
（1817—1891）
（文献7-4より）

さて、それではメンデルによって発表された内容が、なぜ35年も知られなかったのであろうか。以前からある議論の中には、ヨーロッパの辺境といっていい一地方の自然科学研究会紀要での報告であったので、人々の関心をよばなかったのだというものもあるが、実際は、少なからぬ人々の論文・事典類に引用されていることが示されている。特に、1881年にでたフォッケ（Wilhlem O. Focke）の著書『植物雑種』においては、メンデルの論文は14か所で引用されている。また、この本は相当多くの人々に読まれており、他の著書・百科事典にも引用されている[7-4]。しかしながら、フォッケはその内容と意義についてはほとんど理解していなかったようである。したがって、報告が人々の目に触れなかったのではなく、論文の意義が理解されなかったと見るべきである。この件では、メンデルとネーゲリ（Carl Nägeli）（図7・4）のやり取りがあったことが知られているが、それはこの問題のありかを良く示す興味深い内容である。

3 メンデルとネーゲリの交信

メンデルは、遺伝法則についての発表論文を、当時それらの課題について最も権威があると考えられていたミュンヘン大学のネーゲリへ送り、その意見を求めた。それに対し、ネーゲリは当初「研究はまだ始まったばかりですね」といった返答をした。実際は8年あまりにわたる研究成果の賜物であり、メンデルを見下していたとしか思えないが、それに対してもメンデルは謝意を表している。彼らの往復文書は1905年になって、コレンスが、彼にとって師にあたるネーゲリの遺品の中から発見した[7-5]。ネーゲリの受け取った手紙は10通知られているが、メンデルが受けとったものは3通しか残されていない。メンデルの方が少ないのは、研究の重要性が気付かれる前に処分されてしまったからと推定されている。コレンスが、この交信に気づき発表したが、最初はドイツ語であったのでその内容は広くは伝わらなかった。その後1950年に英訳が発表されて広く知られるようになった[7-6]。この往復文書は、問題のありかを良く示しているばかりでなく、原著論文には含まれていない興味ある実験結果についても述べられている。

まず、メンデルはネーゲリに論文の別刷りを送って研究成果を知らせたが、その実験結果の解釈について彼自身の考えを述べ、エンドウ以外の植物にもその規則が適用できるかが課題であるという彼の認識についても述べている。その返信の中で、ネーゲリは交配したエンドウのことを尋ね、できたら送ってほしいといわれたので、メンデルは交配して得られたエンドウ種子を送っているのである。ところが、ネーゲリはその種子を播いたのであるが、結局、得られた植物の子孫の解析は行わなかったらしい。もしも、エンドウ種子から得られた植物の形質の分離比を調べていたら、法則性がもっと早く気づかれていたかもしれないという推定は、かなりの蓋然性をもって言えるであろう。

もう一点ある。ネーゲリは、種間での交配によって新しい種が誕生するかどうかには大変興味を持っていた。このために、キク科コウゾリナ属（*Hieracium*）のヨーロッパにある種を用いて交配実験を行っていたのである（図7・5）。また、これに関する彼の論文を複数メンデルへ送っ

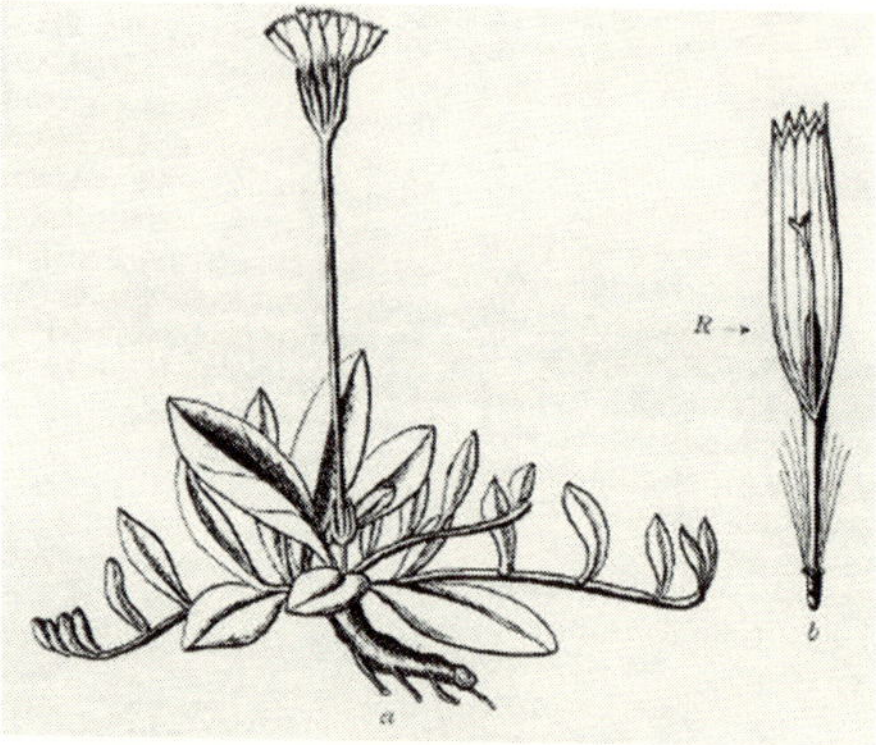

図7·5　コウゾリナ（*Hieracium pilosella*）
右は舌状花。（文献 7-4 より）

ている。日本でこの植物に類縁の植物は、高山に成育するミヤマコウゾリナや、コウリンタンポポなどである。メンデルへの返答の中で、エンドウの結果がコウゾリナ属の中で交配した結果にも適用できるかどうかに最も関心を寄せている。これにより、メンデルはモラビア地方でもコウゾリナを採集し、交配実験に用いており、また、ネーゲリからも材料を入手している。ところが、メンデルにより発表されていることであるが、コウゾリナは図7・5に示されるように、キク科植物ゆえ頭状花であり、個々の花は小さいので、交配が大変困難であり、そのため一時的に視力を損なうほどであった。また、交配して種子が得られても、その形質の分離比の結果はエンドウと相当に異なるものであった [7-7]。

ネーゲリへの手紙の中で、メンデルは、エンドウでの結果は、ストック（*Matthiola annua, M. glabra*）、トウモロコシ（*Zea mays*）、オシロイバナ（*Mirabilis jalapa*）でも同様であったことについても触れている。

なお、この間に彼は、セント・トーマス修道院の院長に選任され、多忙な公務により研究に割ける時間が少なくなってしまった。このことについては、ネーゲリへの手紙の中でも、その不満を述べている。実際、実験には支障が出ており、植物管理の従僕はいたのであるが、視察のために出張に出ている間に、潅水の過剰で材料が枯れてしまったことがあった。

実は、1903年になって判明したことであるが、コウゾリナ属では交配に際して、他種の花粉の刺激により細胞分裂が誘導され、胚が形成され、胚発生様のプロセスを経て、いわば処女生殖を行い、種子を形成する、いわゆるアポミキシス（apomixis）が起こっていたのである。今日、雑草害で知られるセイヨウタンポポ（*Taraxacum officinale*）の強い繁殖力も同様な機構によっていることが知られている。したがって、もしもネーゲリが他の植物のことを話題にしたら、その時点でメンデルの法則は確認されていたかもしれず、不幸な出来事としか言いようがない。

ネーゲリがメンデルの研究を理解できなかったことは、彼もやはり時代の子であり、非難されるべきことではないかもしれない。ところが、ネーゲリは、1881年に彼の遺伝機構に関する著書を発表し、イディオプラズム（idioplasm）説を発表するのであるが、それは、動植物の交配に際して、雑種第一代には一方の形質が現れるが、次の代には隠れていた形質も現れるという内容である。メンデルの論文がまったく引用されていないことは、非難されても仕方がないであろう。

なお、メンデルのネーゲリへの9番目の手紙の中には、ナデシコ科センノウ（*Lycium diurna* や *L. vespertina*）の交配に関する興味深い記述があるが、その内容は、メンデルの論文には登場していない。センノウは雌雄異株であり、性の決定はXY型で決まることは、後になって明らかにされたが、メンデルは、胚珠と花粉の組み合わせで、性比が雌に大幅に傾いていることを示した（203分の151）。彼の解釈自体は推測を述べたもので、それは現代の見方では妥当とは言えないが、彼が提出した実験結果は、今日的見地から見ても興味深いものである[7-5][7-6]。というのも、性染色体は後に発見されているのであるが、彼の実験結果は、ある因子で性が決定されることを示していると理解できるからである。すなわち、遺伝子の存在を別な形で示しているのである。後にコレンスがこれについての研究を行っていることも納得できるものである。

このようなことを考えると、メンデルの論文が発表当時は気づかれなかったという説は的外れであり、その内容があまりにも時代に先行していたので理解されなかったと考えるべきであろう。

4 メンデルの発見の革新性

時代を超越していたということの理解のためには、メンデルが活動していた時代に焦点を当てる必要があろう。メンデルが論文を発表した19世紀後半の生物学の状況がどのようなものであったかを簡単におさらいすると、メンデルの先進性がおのずと浮かび上がってくる。進化論を発表したダーウィン（Charles Darwin）は、子孫に伝わるものとして当初パンジェネシス（pangenesis）を考え、生殖に際して雌雄の遺伝的形質の混合を考えた。批判を浴びると、血流によって移動するジェンミュール（genmule）を考えたが、それらはいずれも思弁の産物であった。また、メンデルと交信のあったネーゲリは、上に述べたようにイディオプラズムを考えたが、これも頭で考えた説であり、実験的根拠があったわけではない。なお、ヴァイスマン（August Weissmann）は、生殖に際しては、生殖質（germ plasm）が形成され、それは体細胞とは異なる特別な存在であるとしたことは、一歩真実に近づいていたといえるであろう。

ところが、メンデルは、エンドウの交配により現れた形質は、遺伝物質をその根底におくと説明できることから、粒子性のエレメント（element）を考えたのであり、それが後にヨハンセン（Wilhelm Johannsen）により遺伝子（gene）と名づけられ、遺伝学が成立していくことになる。それらは、後に現れるものが表現型（phenotype）、その原因となるものが遺伝子型（genotype）と名づけられていくわけで、多くの人々とはまったく別のアプローチから遺伝の本質に迫っていったといえよう。そして、その過程で表現型の解析に数理的手法を用いたのであるが、その手法はメンデルがウィーン大学で学んだ物理数学の組み合わせ理論であった。また、彼の説の元となったのは、やはりウィーン大学で学んだ化学の分子理論であり、ウンガーの細胞学説であった。

これらを統合して新しい学説を創りだしたメンデルは孤高の存在であったといえるであろう。

1900年にメンデルの法則が再発見された後、1902年にサットン（Walter S. Sutton）が、メンデルの法則を染色体の挙動で説明できることを考えて、初めて遺伝物質が染色体にあることが認識されたのである［7-8］。メンデルの法則を考えるとき、染色体の分配を想定すると遺伝形質の伝達は容易となり、学校で教えるときも、染色体によって遺伝物質の分配を説明すると容易に理解される。それまでに、核が発見され、染色体が同定されていた。また、ミーシャー（Friedrich Miescher）は、普仏戦争の傷病兵のガーゼの膿《うみ》から核タンパク質を取り出して、それにヌクレインと名づけており、そこから核酸が同定されていた。

その後、モルガン（Thomas H. Morgan）による、ショウジョウバエのX線照射による突然変異株の誘導とその解析により、染色体上に遺伝子が並んでいることが明らかにされた。また、ベーテソンによってスイートピー（*Lathyrus ororatus*）で発見されていた遺伝子の連鎖の発展として、遺伝子の連関と染色体との対応が明らかになった。スイートピーでは、紫の花弁（紫 *P* と赤 *p* が対立遺伝子で紫が優性）と花粉の形状（長い形状 *L* と丸 *l* が対立遺伝子で、長い方が優性）の二遺伝子雑種 *PpLl* の自殖株における形質の分離比は、9：3：3：1ではなく、偏りがあり、この二つの遺伝子は同一染色体上に乗っていることが見いだされていた。また、ショウジョウバエの唾腺染色体における染色体の欠失と変異との対応から、染色体上に遺伝子が配列していることが示された。また、モルガンは、交差率から染色体上の遺伝子相互の位置関係の物理的位置関係を定め、遺伝子間距離の単位をセンチモルガン（cM）とした。一方、マクリントック（Barbara McClintock）は、トウモロコシの突然変異株と染色体の形態上の特徴を顕微鏡下で明らかにすることによって、染色体と遺伝子の対応を示した。これで、古典的遺伝学は完成したといえよう［7-9］。

5　メンデルは時代を超越していた

メンデルの革新性は、彼の身の回りにも見ることができる。メンデルは正規の教員免許を得るために資格試験を二度受けたが、いずれも不合格であった。特に、2回目の試験においては、物理学分野では良く答えられたが、博物学分野では不十分であった。特に博物学担当のフェンツル（Eduard Fenzl）への回答は不十分であったため、論争になって、受験を放棄したとも推定されている。このフェンツルは、チェルマックの母方の祖父にあたり、チェルマックが後に語っているところでは、フェンツルは亡くなるまで植物体の形成は花粉によっているといっており（2章6節参照）、メンデルの示した遺伝の考え方を受け入れなかったということである。これはまさに、メンデルの考え方が革新的であり、遺伝形質の後代への伝達に、組み合わせ理論のような物理的実体の伝達を想定するという、当時の常識からかけ離れた考えであったことを示している。それはこのことをよく理解できそうなネーゲリにも理解されず、ましてや、一般的な博物学の常識しか持ち合わせなかったフェンツルには理解されるはずがなかったであろう。メンデルが具体的にどのような答え方をしたかは知られていないが、メンデルは今日の常識からすると正しく答えたのに、フェンツルが理解できなかったということは十分にあり得る。

２０１３年の秋にウィーン大学植物学教室・植物園にキーン（Michael Kiehn）教授を訪問した折、図らずもこのフェンツルの肖像に出くわすことになった。２００４年以来、面識を得たキーン教授にウィーン大学の保有するメンデルの送った別刷りを見せてもらうための訪問であった。しかし、今やこの別刷りは貴重文書の中に入っており、中央図書館まで行く必要があって、それは時間の制約から断念した。ところが、キーン教授室へ入って右側に肖像画があり、尋ねるとそれがフェンツルであった。ウィーン大学では、ウンガー（Franz Ungar）教授のようなシュライデン（Matthias Schleiden）流の先進的な細胞学説の講義も聞いたはずであるが、前述のように、フェンツルは当時の常識のレベルにあったということであろう。

ところで、上記ウィーン大学蔵のメンデルの別刷りは、メンデルがウィーン大学で学んだ際に親交があった医学生ケルナー（Anton Kerner von Marilaun）に送ったものである。ケルナーは、その後植物学に転じ、オーストリアのパノニア地方の植生解明に功績のあった学者である。後にウィーン大学の植物学教授となり、植物園長であった。彼は、別刷りが届いた時点ではインスブルック大学の教授であったが、そのときは論文のページが切り開かれることはなかった。そして、メンデルの法則が再発見されて、だいぶ経ってから封を切ったことが知られており、それが上記のウィーン大学に残った。

ケルナーの後任であり、女婿のリヒャルト・フォン・ヴェットシュタイン（Richard von Wettstein）は、遺伝学・進化にも見識のある植物学者であり、ウィーン大学の植物学教授であった。また、その子のフリッツ（Fritz von Wettstein）は、コレンスの後任としてカイザー・ウィルヘルム生物学研究所の教授職に就き、遺伝学に大きな貢献をしている。さらに、その子のディター（Diter von Wettstein）は、分子遺伝学から染色体の構造まで手掛けた著名な遺伝学者であり、長くコペンハーゲンのカールスベルク研究所の教授であった。私はこのディターとは親交があり、在独時代お世話になったマックス・プランク生物学研究所のメルヒャース（Georg Melchers）教授の90歳に際して行われた記念コロキウムでは、弟子筋でない招待講演者4名のうちの3人が、このディターと5章でふれたシェル教授と私であったという奇縁もある。メルヒャース教授はフリッツの後任である。したがって、ケルナーの子孫がすべて遺伝学に向かったのは、メンデルに導かれてといってもおかしくないであろう。

なお、ウィーン大学のメンデルの別刷りは上記のとおりであるが、チュービンゲンのマックス・

プランク生物学研究所の別刷りは、サットンと並んで、遺伝因子の伝達と染色体の挙動が一致することを述べたボヴェリ（T. Boveri）が入手したものを、カイザー・ウィルヘルム生物学研究所に残したものに由来する。そして、アムステルダム大学にある別刷りは、すでに述べたようにバイエリンクがド・フリースへ届けたものである。さらに、三島市の国立遺伝学研究所の別刷りは、田中義麿博士がブルノを訪問して入手したもので、田中博士の没後に、ご子息の田中克己博士が研究所へ寄贈したものである。そのほかには、ブルノのメンデル博物館にある。

6 本章のおわりに

以上、見てきたように、メンデルが時代に先行していたことが明らかになってきた。また、上述のマクリントックは、染色体の構造と形質の分配に異常が見られることによる、いわば特殊例から、移動する遺伝子トランスポーザブル・エレメントの存在を演繹的に推論したのであるが、まさに時はファージグループによる分子生物学の勃興期にあったので、人々が理解することとはならなかった[7-10]。彼女が見た現象は顕微鏡下での染色体の挙動である。そして、30年後に微生物でトランスポゾンが発見されて、実はマクリントックのトランスポゾンと同一であることが明らかになったのである。この状況は、メンデルの研究が理解されずに、35年後に再発見されるようになったことと、よく似ているように思われる。

古典的遺伝学の完成後は、アヴェリー（Oswald Avery）らの形質転換の実験からDNAが遺伝子の本体であることが明確となり、また、DNAの塩基の組成に関するシャルガフ（E. Chargaff）の法則、DNA分子のX線回折像から、1953年にワトソン（James D. Watson）とクリック（Francis Crick）によりDNAの二重らせんモデルが提案されたことにより、遺伝現象の明確な説明がなされた。これにより、暗雲をもたらしていたルイセンコイズムはすべて吹き飛ぶこととなった。

さらにその後は、ゲノム情報の解析、組換えDNA手法の展開により、分子遺伝学、あるいは分子生物学として発展したが、それらは、『細胞の分子生物学』[7-11]などで容易にたどれるので、ここではそのことのみを記す。ドライブ中にひらめいたというマリス（Kary Mullis）によるPCR（ポリメラーゼ・チェイン・リアクション）によるDNAの増幅法（1983年）は、これらの手法をいっそう容易なものとした。しかし、これら進んだ分子生物学の手法も、根底においてメンデル遺伝学と矛盾するものではなく、原理的につながっていることを改めて述べたい。というのも、5章でも述べたように、遺伝子導入により導入された遺伝子は、メンデル遺伝学の原理により、育種目的に利用できるからであり、統一的に扱うことが可能であるからである。

8章　メンデルの法則の日本への浸透

1 はじめに

メンデルブドウが日本へきて100年経過したことから始めて、知られざるメンデル像を追究し、メンデル遺伝学成立初期の姿を描写してきた。社会に大きな影響を与えることにおいては、生命科学の中では遺伝学が抜きんでている。5章でふれた優生学説は政治的にも影響を及ぼし、ナチスの政策による人種排斥や断種法など、一時期深刻な影響を及ぼし、日本社会にも影響を与えた。また、メンデル遺伝学を否定し獲得形質の遺伝を主張するルイセンコイズムが、ソ連の社会には深刻な影響を与えた。人々の遺伝的改変まで言及されていたことも記憶に残っている。

6章でふれたように、ルイセンコイズムは日本でも第二次世界大戦後、一時期影響を及ぼした。その中で関連して著わされた著作には、ルイセンコイズムは、正統的遺伝学説を三次元空間と捉え、時間軸にあたるものを四次元目に置き、そこにルイセンコ説が相当するのではとして、ルイセンコの論理の正しさをそこに求めようとしていた[8-1]。これが、虚説に基づく思弁の所産であったことはいうまでもないが、このような説が説かれたことは驚きと言わざるを得ない。

このような見地から、そもそも遺伝という考え方が、日本でどのように受容されてきたかは、たどってみる価値がある。メンデルの実験から遺伝学説が提出され、それ以後時間をかけてパラダイム転換を遂げていったことは、日本ではあまり論じられていないと感じられるので、その過程の追跡を試みる。

2 日本への導入

1900年にメンデルの法則が再発見されて世に広く知られるようになって以降、最も早い日本での紹介について、私が代表を務めている（公財）日本メンデル協会の『メンデル協会通信』の初期の文献では、1903―1904年にかけて、岐阜県師範学校の教員であった臼井勝三が『信濃博物学雑誌』に3回に分けて紹介したと述べられている[8-2]。ところが、これは正しくはなく、最も早いのはそれより一年以上前の1902年に、星野勇三が『札幌農学会報』に寄せたものであるという指摘がある[8-3]。

これはかなり大きな違いであり、前者の報告はアメリカ人スピルマン（W. J. Spillman）の法則再発見を踏まえて、彼がコムギで行った交配の結果と遺伝学説の概要とそのポテンシャルを紹介した、やや一般向けの紹介論文である。本来、『信濃博物学雑誌』は理科教員の資質向上のための啓蒙雑誌であることを理解する必要がある。しかし、全体としては著名な人々の論説も散見され、その志は高いというべきであろう。これに対し後者は、メンデルの法則が再発見され、新しい品種改良の方法ができるであろうという期待のもとに書かれたものである。事実、札幌農学校では、外国産の農作物を北海道でも栽培できるようにするため、在来種との交配を積極的に試みていた。星野はそれに直接かかわり、上記メンデルの法則再発見の論文を紹介した後、アメリカなどへの留学を経て、札幌農学校、東北帝国大学農学部を経て、北海道帝国大学へと発展していく過程で、札幌の地で園芸作物の品種改良へ進んでいった。一方、星野に先んじて、札幌農学校教員であった南　鷹次郎は、作物の品種改良を担当し、イネ、コムギ、オオムギの交配による品種改良を行っていた。

このように必要性に駆られて育種を目的としていた人々にとって、メンデルの法則再発見の報告と、その示すところの可能性は、研究展開への強い指針として響いたのであろう。事実、札幌農学校、東北帝国大学農学部、北海道帝国大学農学部では、その実現に向けて研究がすすめられ、育種学は明峰正夫が担当し、育種学研究室の伝統を作った。その伝統の一端は、その流れにあるイネ育種に功績のあった高橋萬右衛門教授を、1980年前後にその研究室に数度訪問した折に知ることとなった。当時高橋教授の主宰する文部省特定研究の研究グループの班員としての数度の集まりを通じてであった。その折、重厚な農学部の建物の玄関を入ってすぐ左側へ入り、右手の最初の部屋が名誉教授室であり、そこに明峰教授の名前を見て伝統の雰囲気を感じることができた。教授室はその奥隣りであり、名誉教授室とサイズがまったく同様であることには驚いた。

なお、この時期、ソテツ精子の発見者、池野成一郎（図8・1）は、1906年に『植物系統学』

を著したが、そこではメンデル遺伝学についても詳しい解説がなされており[8-4]、学説の流布に大きく貢献したと思われる。事実、この本はその後、版を重ね、私も1948年印刷の同書を古書店より入手しているが、表現がやや古いという点を除いては、今日でもなお有用な点が少なくない。この池野は、当時の常としてアーク灯を光源とする顕微鏡観察で目を傷めたので、その後は遺伝学方面に進み、日本育種学会を経て、1920年の日本遺伝学会創立の際の中心人物である。（この日本育種学会は、今日の日本育種学会とは異なる。）この時期、外山亀太郎はカイコでメンデルの法則を確認し、これは動物界では最初のメンデルの法則の確認例と言われるが、その背景まで考慮する必要があると考えるので、外山の仕事は項を改めて後で触れたい。

遺伝学は札幌農学校他でも講じられていたが、東京帝国大学理学部に遺伝学講座が1918年に設けられ、藤井健次郎教授（図8・2）が

図8·1　池野成一郎（1866 − 1943）
東京帝国大学農学部教授（文献8-5より）

図8·2　藤井健次郎（1866 − 1952）
東京帝国大学理学部初代遺伝学教授（所蔵：東京大学、画：寺内萬治郎、撮影：東馬哲雄博士）

担当となったことは特記すべき出来事である。藤井は、1901—1904年にボン大学のシュトラスブルガー（Eduard Strasburger）教授、続いてミュンヘン大学でゲーベル（Karl E. Göbel）教授の下で学び、先端の細胞学、形態学を修めた。その間に助教授に昇進し、帰国後の1910年には植物学第三講座（形態学）の教授となった。1918年には、当時としては珍しく、野村徳七・實三郎・元五郎三兄弟の寄付によって遺伝学講座が開設されたので、移籍してその講座の担当となり、その後は遺伝学の振興に貢献した［8-6］。

当時は、ちょうど第一次世界大戦の後で、日本中好景気に沸いている時期であった。野村兄弟は野村證券の創立者であり、提供されたものは九州電燈鉄道株式会社の社債5万円と1万円の現金であった。講座新設に関する申請文書は、600余字にのぼるが、要は「メンデルの法則の再発見以来、遺伝学を用いた科学的な品種改良が可能となったので、その研究推進を目的とする」

というものである。ヨハンセン（Wilhelm Johannsen）の純系説に触れ、またニルセン-エーレ（Hermann Nilssen-Ehle）の新育種法にも触れて、「育種に貢献し、優生学にも貢献する」と述べられている。

その時期は、5章で述べたように、バウアー（Erwin Baur）らが、ベルリン農科大学に遺伝学研究所を創設し、カイザー・ウィルヘルム植物育種学研究所の設立準備をして、食糧問題に対処しようと奮闘していた時期でもある。当時、欧州での第一次世界大戦の結果、日本では未曽有の好景気に見舞われたのでにわか成金が多く、これ見よがしに散財する人もおり、顰蹙《ひんしゅく》をかい、社会問題となっていたが、有効な用途を見いだすことができた人もいたというべきであろう[8-7]。

なお、当時帝国大学の創設にあたり、東京帝国大学を除いて、京都、仙台、福岡では、地元や産業界が相当な費用負担をしていたことを考えると驚くべきことではないかもしれないが[8-8]、拠出された基金は、教室の他の費用に比べてかなりな額であったことは記憶にとどめておくべきかもしれない。

この新講座の発足に先立って、藤井研究室には札幌から坂村 徹が滞在し、コムギの染色体数を定めたが、そのとき研究材料とされたものは、札幌農学校の南が収集したものであった。坂村はその後、植物生理学方面に専心したが、その研究を引き継いだ木原 均（図8・3）は、そのゲノム解析により、組成がAABBDDという複三倍体であることを定めた。その後、京都大学へ移っ

図8·3　木原 均（1893－1986）
京都帝国大学農学部教授、国立遺伝学研究所所長　（提供：毎日新聞）

てからは、コムギの合成へと研究を進め、細胞遺伝学の目覚ましい成果となった。

1929年に藤井は日本で最初の欧文遺伝学誌『CYTOLOGIA』を創刊したが、その第1巻、第1号の最初の論文は木原のコムギの論文であり[8-9]、同誌へはその他に10編余の投稿がある。その後は、遺伝学の新しい流れとして、分子遺伝学が発展し、分子生物学の隆盛を見るが、それらについては多くの文献があるので、ここではその事のみを指摘する。

3　外山亀太郎のカイコの研究

外山亀太郎（図8・4）が1906年に東京帝国大学へ学位論文として提出した内容は、カイコ（*Bombyx mori*）の繭の色は、メンデルの法則にしたがって後代に伝わるというものであるが、これは動物界で最初のメンデル法則の記載の例であると以前から報告されている[8-10]。

しかし、これは前述の星野、臼井の場合とは状況が異なり、カイコでは研究の必要性が元々あり、そのうえでの自発的発展の成果であるという点は、改めて指摘してよいと考えるので、ここに項を改めて述べる。

カイコは日本の文化に重要な役割を果たしてきた。養蚕は中国発祥で、絹糸はシルクロードを伝わって地中海からヨーロッパへもたらされ、日本へもすでに3—4世紀にはもたらされていたであろうといわれている。かつて、中国から日本へ絹がもたらされていたことは、江戸時代にははっきりとした記録が残っている。オランダ東インド会社は、17世紀の初めに平戸から長崎出島へ移ったが、そのとき日本へもたらされた主要な物品は絹であった。その代りに日本から出

図8·4　外山亀太郎（1867 − 1918）
東京帝国大学農学部教授　（所蔵：東京大学昆虫遺伝研究室）

て行ったものは銅であり、当時、日本は世界有数の産銅国であった。当初銀や金も出て行ったがすぐ枯渇したので、江戸時代を通じて時代の変遷とともに変動はあるが、主に出て行ったのは銅であり、ある時期オランダ東インド会社の総督は「日本の銅は、東インド会社にとってダンスのパートナー」と言っていたくらいである［8-11］。

そして、明末期から清初期への王朝交代期にかけて絹が入りにくくなると、絹はインドシナ、ベンガル、ペルシャまで求められていった。その後、鎖国体制の中でさらに絹が入りにくくなったので、江戸末期にかけて日本でも養蚕が各地で（特に盛んなのは、群馬、長野、福島であった）盛んに勧められ、幕末に貿易が再開した時の主要な輸出品は絹糸であった。明治になってそれはいっそう加速し、最初はヨーロッパ向けが多かったが、その後アメリカが主要な輸出先になっていき、貿易収入は主に絹糸であった。

1905年前後の日露戦争の時期にはきわめて多額の戦費を要したが、外貨獲得手段としては絹糸がほとんどであり、その後の八八艦隊は絹によって実現されたとはよく言われることである。しかし、戦費の80％余は戦時公債でまかなわれ、そのうち半分は高橋是清が英米他で公債を引き受けてもらって得た外国債であった。ロンドンへ行くも、当初債権の引き受け者はなかなか見つからなかったが、アメリカから来ていたクーン・ロエブ商会のヨセフ・シッフ（Joseph Schiff）が引き受けたことにより、だんだんと引き受け手が増え、日本海海戦でバルチック艦隊を完全に全滅させたという戦果もあり、戦費の主要部分と戦後の復興基金はそれで調達された。シッフが引き受けたのは、長年帝政ロシアには財政的援助をしていたのに、ユダヤ系の迫害は抗議にも関わらずやまなかったことが背景にあった。これを契機に、ロスチャイルド社、ベアリング商会を始め世界の有力な金融資本の支持があり、その他の国の銀行でも引き受けがあって、戦費の確保に至った[8-12]。

ところが、このような時期に外貨獲得のほとんど唯一の材料である絹糸に対して、輸出先のアメリカから多くのクレームが寄せられた。それは、粗悪な絹糸や、材料の不揃いについてである。このような中で、政府もそれに対応して蚕糸試験場、蚕糸講習所を設立して、絹糸の質向上に努めたが、それ以上に渾身の力を込めて対応したのが外山である。原因の一つが、多種のカイコの混合飼育にあることを見抜いて、雌雄一対を交配する一蛾飼育を行った。

詳細は、１９０９年刊の『蠶種論《さんしゅろん》』[8-13]に見ることができるが、世界のカイコを調べ、カイコの解剖から生殖細胞の分化の様子まで大変詳細に記述されていることから、十分な調査研究に基づいたものであることがわかる。これらは、外山が東京帝国大学農科大学を卒業し、養蚕振興のために１８９２年に設けられた地方政庁管轄の機関の一つである福島県立蚕業学校校長へと赴任し、また、後に大学へ助手、後に助教授として戻り、さらにはシャム（現在のタイ王国）政府の要請で、シャムへ養蚕指導の特別顧問として赴任している間に行われたものであり、驚異的ですらある。その成果のもとに、フランス、イタリアのカイコ、中国のカイコ、また、シャムの多化性のカイコを知って、繭の色が交配により、メンデル式に伝わることを明らかにした。

繭の形態と色は、日本在来のものは小ぶりでくびれがあって白色、中国種は大きく楕円形で白色、欧州種は長楕円形でオレンジ色、熱帯種は小さく、紡錘形で黄色であるのが、一般的な形状である。外山は、赴任したシャムで、熱帯種のシャム蚕の黄色種と白色種の交配から、黄色種が優性であることを示した。また、斑紋の有無と繭色の二形質の分離の確認も行っており、その内容は彼の学位論文に含まれている[8-13]。

さらに、異なった系統のカイコ間での交配による雑種強勢を用いた一代雑種に着目し、それをその後の蚕種の基本にしたことは注目に値する。

ところで、雑種強勢[8-14]が最もよく利用されているのは、アメリカのトウモロコシ栽培であり、純系の掛け合わせを二重に行うことにより（二重交配）、トウモロコシの収量は元の数倍となり、これは1930年ころより実用化されている。また、それぞれの系統の組み合わせを秘匿することにより、利用者は常にその種子を買い続けなければならないという種苗業者のメリットもあるが、そのプロトタイプはカイコで実現されていたのである。それを積極的に進めていたのが片倉組—片倉工業であったことは、もっと強調されていいのではないかと思う。交配繭によるその後の高品質な蚕種の維持は片倉組により展開され、その後身の片倉工業が国営で出発し、その後、民営となった富岡製糸場の維持にかかわって、最近のユネスコによる世界文化遺産の指定に導いたことは特記に値しよう。

なお、雑種強勢の古典的説明は、何らかの劣勢の性質が優勢的あるいは超優勢的に発現すると説明されていたが、遺伝子情報が明らかになった今、遺伝子発現が全体的に強化されていることが明らかになり、エピジェネティックな遺伝子発現の変化で説明できるとする考えもでてきているので[8-14]、カイコの雑種強勢も、このような見地からのさらなる解析が必要であろうと思われる。雑種強勢は、遺伝学の中では研究が進んでいなかった分野であるが、最近の分子レベルまで視野に入れた解析を見るとき、改めて重要であると考える。

このような流れを見るとき、外山の活動は大変印象的で、メンデル遺伝学が再発見され注目されてから重要視された他の研究と異なって、自律的かつ、長い歴史を踏まえての成果である。カイコの品種改良に努めていた外山にとって、カイコの遺伝学の成果は、ある意味必然的結果であり、それがたまたまメンデルの法則再発見と重なったと見ることも可能だと考える。

カイコでは一化性、多化性が重要である。外山はシャムへ招聘されている間に、多化性を利用して、交配した後代の繭の色の分離を調べているが、その結果は注目に値する。また、蛹化が光周性に支配されていることもそれぞれの品種でよく調べられている。しかしながら、カイコ全体についてこれらの性質がどのようになっているかについては、経験則についてまとめられた総括はあるが［8-15］、調べた限りでは、コオロギでなされたような、種の環境への適応とそこからの種分化まで視野に入れた研究［8-16］には、今回たどり着けなかったことを述べなければならない。

4　本章のおわりに

遺伝学説は、メンデルの研究を出発点として、1900年のメンデルの法則の再発見以降、体系化され、社会の様々な面にも影響を与えるような大きな力となっていったのであるから、生物学の中では、まさに、クーン（Thomas Kuhn）のいうパラダイム転換［8-17］の最も典型的な例であろう。

日本においては、木原 均の「コムギの合成」を始め、多くの貢献はあったが、研究の自律的展開という点では、外山亀太郎の研究は、出色の存在であると思わざるを得ない。これは、「メンデルブドウ100年」から始めた私の総括的印象である。しかしながら、この外山の研究の科学史的総括は、まだ不十分ではないかというのが現時点の感想である。

あとがき

本書では、メンデルブドウが日本へ来てから100年たったことから始めて、比較的知られていないメンデル像と、彼の発見とその波及について追跡することに努めた。そこから明らかになったメンデル像は、宗教家でありながら、科学的研究に努める実験科学者であり、未知の領域を切り開くパイオニアであった。しかしながら、彼にとって不幸なことに、その発見の意義は同時代人には認められるところとならず、1900年の再発見まで眠ることとなった。一方では、その文化的背景はドイツ系でありながら、チェコの文化にも理解が深く、文化や民族の多様性を尊重する人であったことは、改めて注目すべき点であると考える。その後、メンデルの発見した遺伝法則は、社会的、政治的に大きな影響を及ぼしたが、同時に社会環境からも大きく影響を受けることとなった。しかし、時代を超えてその重要性はますます増している。

伝えようとする事柄は、本文ですでに述べたので、ここでは、参照した文献のうち全体的に参照した本については引用しにくいものもあるので、それらを紹介したい。それは、イルティス（Hugo Iltis）のメンデル伝［9-1］や、オレル（Vítězslav Orel）のメンデル伝［9-2］であり、これらは全体にわたって参照しているが、特に後者については、疑問を生ずるたびに参照した。さらに、執筆の終盤になってから目を通すことになったメイワー（Simon Mewar）のメンデル伝［9-3］は、学問分野全体の俯瞰に特に有用であった。また、同じ著者は、サイエンス・フィクションとして『メンデルの小人（Mendel's dwarf）』[9-4]を著わしている。メンデルの子孫にあたる遺伝的な特徴をもった分子遺伝学者を主人公として、第二次世界大戦後メンデルの故郷チェコ・シレジアへ赴かせるが、そこでは、第二次世界大戦後の状況とその後の変化を墓地の墓標で表している。この点の描写は写真映像を超えて、迫真性を感じた。このようなフィクションが、専門的素材を駆使しながら書かれていることは、ある種学問の成熟を感じさせられた。

そして、2015年はメンデルが遺伝法則を最初に発表してから150年ということで、ブルノ自然科学研究会での発表の日の後の方に合わせて、3月8日には国際シンポジウムがチェコ共和国ブルノのメンデル博物館で、マタロバ（Eva Matalova）教授の主導のもと開かれた。私が代表を務めている（公財）日本メンデル協会へも参加の要請があった。私はちょうどバングラデシュ、インドへの出張の予定があったので、参加はできなかったが、日本メンデル協会の活動はポスターで展示していただいた。さらに、2016年は最初の論文発表から150年目であるが、これを機会に3月8日を「国際メンデルデー」として、今後祝おうという提案がマタロバ教授よりあり、日本メンデル協会も参加することになった。2016年10—12月には【特別展】「メンデル展～150年記念～」を長野県下諏訪町立諏訪湖博物館で開催し、日本メンデル協会が創設以来収集してきた資料を展示した。その際、マタロバ教授よりメンデル関連の写真の提供を受け展示したが、それらは本書でも使用した。メンデル遺伝学は現代にも生きていることを伝えるべく、3回の講演会も開催した。

本書およびこれらの活動によって、教科書には必ず登場するメンデル遺伝学が、古典的な過去の出来事ではなく、現代にも連続性をもって発展し続け、なお、その考えは生きているということがいささかでも伝われば幸いである。

8-7 井上寿一（2014）『第一次世界大戦と日本』講談社現代新書，講談社.
8-8 天野郁夫（2009）『大学の誕生（上）（帝国大学の時代）』中公新書，中央公論新社.
8-9 常脇恒一郎（2010）坂村 徹博士による倍数性の発見と木原 均博士によるゲノム分析の確立に用いられたコムギ系統の来歴，メンデル協会通信，No.25.
8-10 森脇靖子（2010）科学史研究，**49**: 63-173.
8-11 山脇悌二郎（1980）『長崎のオランダ商館』中公新書，中央公論社.
8-12 高橋是清（1976）『高橋是清自伝（下）』中公文庫，中央公論社.
8-13 外山亀太郎（1996）『明治後期産業発達史資料第 328 巻 蠶種論，上，下（1909）』龍渓書舎.
8-14 Mascia, P. N. *et al.* (2010) "Biotechnology in Agriculture and Forestry" Vol.66, Plant Biotechnology for Sustainable Production in Energy and Co-products. Mascia, P. N. *et al.* eds., Springer Foods, p. 57-86.
8-15 田島弥太郎（1991）『生物改造』裳華房.
8-16 正木進三（1974）『昆虫の生活史と進化』中公新書，中央公論社.
8-17 Kuhn, T. S. (1970) "The Structure of Scientific Revolutions" 2nd Ed., Univ. Chicago Press.

あとがき

9-1 Iltis, H. (1924) "Gregor Johann Mendel: Leben, Werk und Wirkung" Springer, Berlin.
9-2 Orel, V. (1996) "Gregor Mendel: The First Geneticist" Oxford Univ. Press.
9-3 Mawer, S. (2006) "Gregor Mendel: Planting the Seeds of Genetics" Harry N. Abrams, New York.
9-4 Mawer, S. (1999) "Mendel's Dwarf" Penguin Books.

6-8 徳田御稔（1952）『二つの遺伝学』理論社.

7章　メンデルの革新性

7-1 Mendel, G. J.（岩槻邦男・須原準平 訳）（1999）『雑種植物の研究』岩波文庫, 岩波書店.

7-2 長田敏行（2007）生物の科学 遺伝, **61**: 59-61.

7-3 Stubbe, H. (1965) "Kurze Geschichte der Genetik bis zur Wiederentdeckung der Vererbungsregeln Gregor Mendels" VEB Gustav Fischer Verlag.

7-4 Iltis, H. (1924) "Gregor Johann Mendel: Leben, Werk und Wirkung" Springer, Berlin.

7-5 Correns, C., Stephan, R. eds. (2008) "Gregor Mendels Briefe an Carl Nägeli 1866-1873" Books on Demand GmbH.

7-6 Mendel, G. (1950) Gregor Mendel's Letters to Carl Nägeli. 1866-1873, Genetics, **35**: 1-29.

7-7 Mendel, G. J.（篠遠喜人 訳）（1943）『植物の雑種に関する実験・人為受精によって得たミヤマコーゾリナ属の二三の雑種について』大日本出版.

7-8 Sutton, W. S. (1903) Biol. Bulletin, **4**: 231-251.

7-9 Sturtevant, A. H. (2001) "A History of Genetics" Cold Spring Harbor Laboratory Press.

7-10 Keller, E. F. (1983) "A Feeling for the Organism : The Life and Work of Barbara McClintock" W. H. Freeman, New York.

7-11 Alberts, B. *et al.* (1994) "Molecular Biology of the Cell" 3rd. Ed., Garland Science.

8章　メンデルの法則の日本への浸透

8-1 徳田御稔（1952）『二つの遺伝学』理論社.

8-2 中沢信午（1986）日本とメンデル, メンデル協会通信, No.7.

8-3 森脇靖子（2014）生物学史研究, **90**: 1-26.

8-4 池野成一郎（1906）『植物系統學』裳華房.

8-5 篠遠喜人・向坂道治 (1930)『大生物学者と生物学』興学社出版部.

8-6 小倉 謙 編（1940）『東京帝国大学理学部植物学教室・附属植物園沿革』東京帝国大学理学部植物学教室.

4-7 Richter, F. C. (2000) Vortr. Pflanzenzüchtung, **48**: 27-30.

5章　メンデルの法則の展開：優生学と育種学

5-1 Kröner, H.-P. *et al.* (1994) "Erwin Baur: Naturwissenschaft und Politik" Max-Planck-Gesellschaft.
5-2 Kuckuck, H. (1952) "Grundzüge der Pflanzenzüchtung" Walter de Gruyter.
5-3 アドルフ・ヒトラー（平野一郎・将積 茂 訳）(1973)『わが闘争』（上，下）角川文庫，角川書店.
5-4 池内 紀（2004）『カフカの生涯』新書館.
5-5 米本昌平ら（2000）『優生学と人間社会』講談社現代新書，講談社.
5-6 米本昌平（1989）『遺伝管理社会』弘文堂.
5-7 Straub, J. (1986) "Aus der Geschichte des Kaiser-Wilhelm-/Max-Planck-Instituts für Züchtungsforschung" Berichte und Mitteilungen der Max-Planck-Gesellschaft, Heft 2.
5-8 Stubbe, Hans (1972) "History of Genetics" Cambridge: MIT Press.
5-9 Fischer, E. P., Lipson, C. (1988) "Thinking About Science: Max Delbrück and the Origins of Molecular Biology" W.W. Norton & Co Inc.
5-10 Olby, R. C. (1985) "Origins of Mendelism" 2nd Ed., Univ. Chicago Press.

6章　メンデルの法則を覆う影：ルイセンコ事件

6-1 Medvedev, Z. A. (Translated by Lerner, I. M.) (1969) "The Rise and Fall of T. D. Lysenko" Columbia Univ. Press.
6-2 ロイ・メドヴェージェフ（佐藤紘毅 訳）(1978)『ソ連における少数意見』岩波新書，岩波書店.
6-3 Pringle, P. (2008) "The Murder of Nikolai Vavilov" Simon & Schuster, New York.
6-4 Lepeschinskaja, O. B. (1937) Cytologia, **8**: 15-35.
6-5 Orel, V. (1996) "Gregor Mendel: The First Geneticist" Oxford Univ. Press.
6-6 ネオメンデル會 編（1948）『ルイセンコ學説』北隆館.
6-7 中村禎里（1967）『ルイセンコ論争』みすず書房.

2-8 阿部謹也（1998）『物語 ドイツの歴史』中公新書，中央公論社.
2-9 大津留 厚（1995）『ハプスブルクの実験』中公新書，中央公論社.

3章　メンデルの遺伝法則

3-1 Mendel, G. J.（岩槻邦男・須原準平 訳）（1999）『雑種植物の研究』岩波文庫，岩波書店.
3-2 Franke, G. *et al.* (1977) “Früchte der Erde” Urania-Verlag, Leipzig.
3-3 Fisher, D. (1936) Ann. Sci., **1**: 115-137.
3-4 Franklin, A. *et al.* (2008) “Ending the Mendel-Fisher Controversy” Univ. Pittsburgh Press.
3-5 Orel, V. (1996) “Gregor Mendel: The First Geneticist” Oxford Univ. Press.
3-6 Noel Ellis, T. H. *et al.* (2011) Trends Plant Sci., **16**: 590-596.
3-7 Griffiths, A. J. F. *et al.* (2000) “An Introduction to Genetic Analysis” 7th Ed., W. H. Freeman and Company, New York.
3-8 Bhattacharyya, M. K. *et al.* (1990) Cell, **60**: 115-122.
3-9 Hellens, R. P. *et al.* (2010) PLoS One, **5**: e13230.
3-10 Sato, Y. *et al.* (2007) Proc. Natl. Acad. Sci. USA, **104**: 14169-14174.
3-11 Lester, D. R. *et al.* (1997) Plant Cell, **9**: 1435-1443.
3-12 Iltis, H. (1924) “Gregor Johann Mendel: Leben, Werk und Wirkung” Springer, Berlin.

4章　メンデルの子孫

4-1 Julius von Sachs in Briefen und Dokumenten, Teil 1, Gimmler, H. *et al.* (2003) Julius-von-Sachs-Institut f. Biowissenschaften der Uni.
4-2 木田 元（2014）『マッハとニーチェ』講談社学術文庫，講談社.
4-3 Eckert-Wagner, S. (2005) “Mendel und seine Erben” Books on Demand GmbH, Norderstedt.
4-4 大津留 厚（1995）『ハプスブルクの実験』中公新書，中央公論社.
4-5 Orel, V. (1996) “Gregor Mendel: The First Geneticist” Oxford Univ. Press.
4-6 Iltis, H. (1924) “Gregor Johann Mendel: Leben, Werk und Wirkung” Springer, Berlin.

引用文献

1章　メンデルブドウ100年

1-1 長田敏行（2015）生物の科学 遺伝, **69**: 258-262.

1-2 Orel, V. (1996) "Gregor Mendel: The First Geneticist" Oxford Univ. Press.

1-3 Iltis, H. (1924) "Gregor Johann Mendel: Leben, Werk und Wirkung" Springer, Berlin.

1-4 別宮暖朗（2014）『第一世界大戦はなぜ始まったのか』文春新書, 文藝春秋.

1-5 池内 紀（2004）『カフカの生涯』新書館.

1-6 Medvedev, Z. A. (1969) "The Rise and Fall of T. D. Lysenko" Columbia Univ. Press.

1-7 Pringle, P. (2008) "The Murder of Nikolai Vavilov" Simon & Schuster, New York.

1-8 植物育種協会（2000）Mendel Centenary Congress 2000.

1-9 木島 章（1991）『川上善兵衛伝』ティビーエス・ブリタニカ.

2章　メンデルの肖像

2-1 Eckert-Wagner, S. (2004) "Mendel und Seine Erben" Books on Demand GmbH, Norderstedt.

2-2 Iltis, H. (1924) "Gregor Johann Mendel: Leben, Werk und Wirkung" Springer, Berlin.

2-3 Orel, V. (1996) "Gregor Mendel: The First Geneticist" Oxford Univ. Press.

2-4 Perz-Grabenbauer, M., Kiehn, M. eds. (2004) "Anton Kerner von Marilaun" Verlag der Österreichen Akademie der Wissenschaften, Wien.

2-5 Mendel, G. J.（岩槻邦男・須原準平 訳）（1999）『雑種植物の研究』岩波文庫, 岩波書店.

2-6 Bowler, P. J. (2000) "The Mendelian Revolution" The Athlone Press.

2-7 Mendel, G. J.（篠遠喜人 訳）（1943）『植物の雑種に関する実験・人為受精によって得たミヤマコーゾリナ属の二三の雑種について』大日本出版.

マ　行

サ　行

索　　引

欧　　文

ア　　行

カ　　行

著者略歴

長《なが》田《た》敏《とし》行《ゆき》

1945年　長野県生まれ
1973年　東京大学大学院理学系研究科博士課程修了　理学博士
現　在　東京大学名誉教授，法政大学名誉教授
主　著　『プロトプラストの遺伝工学』(講談社),『植物工学の基礎』(編著，東京化学同人),『イチョウの自然誌と文化史』(裳華房) など.

シリーズ・生命の神秘と不思議

メンデルの軌跡を訪ねる旅

2017年　7月　20日　第1版1刷発行

検印省略

定価はカバーに表示してあります.

著作者	長田敏行
発行者	吉野和浩
発行所	東京都千代田区四番町8-1 電　話　03-3262-9166（代） 郵便番号 102-0081 株式会社 裳華房
印刷所	株式会社 真興社
製本所	株式会社 松岳社

社団法人
自然科学書協会会員

ISBN 978-4-7853-5123-6